高等学校给排水科学与工程学科专业指导委员会规划推荐教材

# 建 筑 概 论

## （第四版）

杨永祥　杨　海　编著

中国建筑工业出版社

图书在版编目（CIP）数据

建筑概论/杨永祥，杨海编著. —4 版. —北京：中国建筑
工业出版社，2018.12（2022.4 重印）
高等学校给排水科学与工程学科专业指导委员会规划推荐
教材
ISBN 978-7-112-22819-5

Ⅰ.①建…　Ⅱ.①杨…②杨…　Ⅲ.①建筑学-高等学校-教
材　Ⅳ.①TU

中国版本图书馆 CIP 数据核字（2018）第 234516 号

　　《建筑概论》（第四版）是在第三版的基础上修编而成的，本书由共 6 章，分
别是：建筑的基本概念、建筑设计、民用建筑构造、工业建筑设计、单层工业厂
房的构造及城市及居住区规划简介。本书的特点是着重于建筑学的基本知识介绍，
使读者了解什么是建筑；影响建筑的主要因素是什么；建筑物是如何设计、落成
的；建筑与相关专业的关系等。本书的建筑构造部分强化了构造原理的内容；弱
化了构造的具体做法。

　　本书是非建筑学专业的学生学习建筑学知识的最基本的教程，无论是从事本
专业的设计工作，还是从事建筑管理工作，都会有所裨益。

　　为了便于教师教学和学生学习，作者特制作了配套课件，如有需要，请写明
书名，发邮件至 jckj@cabp. com. cn 索取，或到 http://edu. cabplink. com 下载，
电话（010）58337285。

责任编辑：王美玲
责任校对：王雪竹

高等学校给排水科学与工程学科专业指导委员会规划推荐教材
# 建 筑 概 论
## （第四版）
杨永祥　杨　海　编著
*
中国建筑工业出版社出版、发行（北京海淀三里河路 9 号）
各地新华书店、建筑书店经销
北京科地亚盟排版公司制版
天津安泰印刷有限公司印刷
*
开本：787×1092 毫米　1/16　印张：8　字数：197 千字
2019 年 1 月第四版　2022 年 4 月第三十七次印刷
定价：**20. 00** 元（赠教师课件）
ISBN 978-7-112-22819-5
（32934）

# 第四版前言

本书是在《建筑概论》（第三版）的基础上改编的。《建筑概论》（第三版）出版于2011年，迄今已达七载。七年来建筑事业的发展是如日中天，尤其在建筑设计理念方面，更加重视节能环保。为此，本书增加了"建筑工业化""绿色建筑"等章节。同时对第三版书中的某些内容也进行了必要的删改。

全书分为建筑的基本概念、建筑设计、民用建筑构造、工业建筑设计、单层工业厂房的构造、城市及居住区规划简介等共6章。前5章由杨永祥编写，第6章和本书插图由杨海完成。

书中：图2-1由天津大学张月娥先生提供，图2-5选自天津大学彭一刚先生的《画意中的建筑》一书中的插图，图2-6选自天津大学黄维隽先生的《建筑设计草图与手法》一书中的插图，特此表示感谢。

本书由天津大学王瑞华、姜淑香先生担任主审。

书中不当之处请广大读者批评指正。

编者

2018年7月

# 第三版前言

本书是在天津大学赵素芳、杨永祥编写的《建筑概论》(第二版)(给水排水专业)一书的基础上改编的。原教材编写于1989年,迄今20余载。改革开放以来,国民经济迅猛发展,建筑事业蒸蒸日上,建筑从方案设计理念到材料选用和构造做法,都有着很大的变化。原教材的一些内容已不能满足当前的要求。为此,对原教材进行了修编。

本次修编的特点是着重于建筑学的基本知识介绍,使读者了解什么是建筑;影响建筑的主要因素是什么;建筑物是如何设计、建成的;建筑学与相关专业的关系等。

全书分为建筑的基本概念、建筑设计、民用建筑构造、工业建筑设计、单层工业厂房的构造、城市及居住区规划简介等共6章。前5章由杨永祥编写,第6章和插图由杨海完成。

书中:图2-1由天津大学建筑设计研究院一级注册建筑师张月娥先生提供,图2-5选自彭一刚先生的《画意中的建筑》一书中的插图,图2-6选自黄为隽先生的《建筑设计草图与手法》一书中的插图,特此表示感谢。

本书由天津大学王瑞华、姜淑香先生担任主审。

书中不当之处请广大读者批评指正。

编者

2011年9月

# 第二版前言

本书是在天津大学 1979 年编写的《建筑概论》一书的基础上,按照 1984 年全国高等学校给水排水专业教材编审会议要求,针对给水排水专业人员实际工作需要,重新编写的。本书可作为土建类给水排水专业《建筑概论》课教学用书,亦可供有关工程技术人员和管理人员参考。

本书较全面、概括地介绍了建筑学知识和国内外建筑技术的新发展;阐明了工业与民用建筑设计的基本原理和方法,以及建筑物的组成及其构造原理和做法;概述了城市规划和管线工程综合的基本知识。全书分为概论、民用建筑设计、民用建筑构造、工业建筑设计、单层厂房的承重结构和构造、城市规划的任务和城市管线工程综合等六章。

为帮助学生理解、消化基本原理,书中列举了大量的图样和建筑工程实际做法。书后附有建筑施工图主要图纸和城市规划图纸实例,供学生识读,亦可作为专业课教学的素材。在建筑设计的基础上完成其给水排水工程设计。

本书一、三、五章由赵素芳编写(其中第五章基本采用原教材内容);二、四、六章由杨永祥编写。

本书由天津大学土木工程系教授林荣忱先生、中国市政工程华北设计院高级工程师崔树稼先生担任主审。在本书编写过程中,编者得到林世铭、杨学智、王瑞华、王玉生、方咸孚,肖敦余几位教授的大力支持和帮助,谨此表示衷心感谢。

编者

1989 年 3 月

# 目　录

# 第1章　建筑的基本概念

## 1.1　建筑及影响建筑的相关因素

建筑物是人们为从事生产、生活和进行各种社会活动的需要，利用所掌握的物质、技术条件，运用科学规律和美学法则而创造的社会活动的空间环境。仅仅为满足生产、生活的某些特殊需要所建造的工程设施，则称为构筑物。如水塔、冷却塔、泵房、配电站、水坝、水闸等。

古往今来，建筑不断地发展变化，受诸多因素影响，主要是政治、经济、文化、科学技术和自然条件等。

1. 政治因素

不同的政治背景下，有着不同的建筑形式。现以不同时代的施政建筑为例。

(1) 封建王朝的皇宫建筑

封建王朝是皇权至上、皇权世袭罔替的时代，就决定了皇宫都有高厚的宫墙，庄重而富丽的宫殿，强烈的轴线，高台大屋等，借以彰显皇权的正统与神圣（图1-1、图1-2）。

图1-1　北京故宫

(2) 资本主义社会的市政厅建筑

资本主义社会，提倡自由、民主、平等、博爱。因此就产生了没有高墙壁垒，平民可自由进出并附有市政广场（便于民众集会）的建筑形式（图1-3）。

2. 经济因素

不同的经济基础，也造就了形式迥异的建筑。同为民宅，山西的乔家大院和一般居民住房就有天壤之别。同为高等学校的教学楼，由于投资多寡的影响，其建筑造型也有着明显的差异（图1-4）。

图 1-2　法国凡尔赛宫

图 1-3　德国波恩市政厅

新疆某高校教学楼

天津某高校教学楼

图 1-4

**3. 科学技术因素**

在科学技术不发达时代只能建一些低层建筑。由原始状态的树居、穴居，发展到立木为柱，以土坯、砖石为墙，树皮、草、瓦为顶的建筑（图 1-5a）。由于钢材、钢筋混凝土和玻璃等新建筑材料的问世，以及计算理论、计算手段（由算盘、计算尺发展到现在的计算机）的提高，建筑逐渐出现了多层、高层、超高层，乃至发展到今日的大空间大跨度等建筑形式（图 1-5b）。

(a)

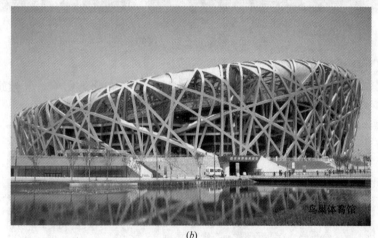

(b)

图 1-5　科学技术对建筑的影响

### 4. 文化因素

不同的文化背景和哲学理念，也决定了不同的建筑形式。

（1）儒家文化对建筑的影响

北京的四合院，由于受儒家尊卑长幼思想的影响，因此产生了四合院的民居形式。多为一进院、二进院、三进院。四合院由正房、厢房、倒座组成。正房供年长者使用，厢房是晚辈的居室，倒座是下人栖身的场所，长幼有序，尊卑分明（图 1-6）。

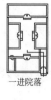
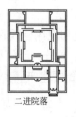
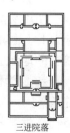

图 1-6　北京四合院

3

（2）宗教文化对建筑的影响

由于宗教对神灵、上帝的信仰与崇拜，造就了建筑的室外造型高耸向上，室内空间神秘而压抑（图 1-7）。

法国巴黎圣母院外景　　　　　　　　　　圣母院内景

图 1-7　宗教文化对建筑的影响

（3）地域文化对建筑的影响

同为清真寺，不同地区的清真寺，因受所在地域建筑文化的影响，其建筑造型就大相径庭（图 1-8）。

图 1-8　地域文化对建筑的影响

## 1.2　建筑分类、防灾、抗灾等级划分

1. 建筑物分类

由于建筑物的使用性质、使用年限、建筑层数、结构类型及承重构件用材的不同，建筑分类方法很多。

（1）按建筑的使用功能分

建筑物可分为工业建筑和民用建筑两大类，其中民用建筑又分为居住建筑和公共建筑。

（2）按建筑物的地上层数分

民用建筑，1～3 层为低层建筑；4～6 层为多层建筑；7～9 层为中高层建筑；10 及 10 层以上属高层建筑。

（3）按承重构件材料分

建筑物可分为木结构、砖石结构、砖混结构、钢结构、钢筋混凝土结构、膜结构等。

（4）按结构形式分

1）梁板、墙板结构。

2）骨架结构，又分框架结构、框剪结构、框筒结构。

3）空间结构。

（5）按建筑使用年限分

民用建筑合理使用年限主要指建筑主体结构设计使用年限，可分4级表1-1。

**民用建筑合理使用年限表** 表 1-1

| 类别 | 使用年限（年） | 示例 |
|---|---|---|
| 1 | 5 | 临时性建筑 |
| 2 | 25 | 易于替换结构构件的建筑 |
| 3 | 50 | 普通建筑和构筑物 |
| 4 | 100 | 纪念性和特别重要性建筑 |

（6）按《建筑设计防火规范》GB 50016—2014 分（表1-2）。

**民用建筑分类** 表 1-2

| 名称 | 高层民用建筑 | | 多层民用建筑 |
|---|---|---|---|
| | 一类 | 二类 | |
| 住宅建筑 | 建筑高度大于 54m 的住宅建筑（包括设置商业服务网点的住宅建筑） | 建筑高度大于 27m，但不大于 54m 的住宅建筑（包括设置商业服务网点的住宅建筑） | 建筑高度不大于 27m 的住宅建筑（包括设置商业服务网点的住宅建筑） |
| 公共建筑 | 1. 建筑高度大于 50m 的公共建筑；<br>2. 建筑高度 24m 以上部分任一楼层建筑面积大于 1000m² 的商店、展览、电信、邮政、财贸金融建筑和其他多功能组合的建筑；<br>3. 医疗建筑、重要公共建筑；<br>4. 省级以上广播电视和防灾指挥、调度建筑，网局级和省级电力调度建筑；<br>5. 藏书超过 100 万册的图书馆、书库 | 除一类高层公共建筑的其他高层公共建筑 | 1. 建筑高度大于 24m 的单层公共建筑；<br>2. 建筑高度不大于 24m 的其他公共建筑 |

注：1. 表中未列入的建筑，其类别根据本表类比确定。

2. 除本规范另有规定外，宿舍、公寓等非住宅类居住建筑的防火要求，应复合本规范有关公共建筑的规定。

3. 除本规范另有规定外，裙房的防火要求应复合本规范有关高层民用建筑的规定。

2. 建筑物的防灾、抗灾分级及有关规定

（1）建筑物的耐火等级

建筑物的耐火等级共分为4级，对梁、板、墙、柱的用材（不燃烧体、难燃烧体、燃烧体）和耐火极限在《建筑设计防火规范》GB 50016—2014 中有详细规定，见表1-3。

**不同耐火等级建筑相应构件的燃烧性能和耐火极限（h）** 表 1-3

| 构件名称 | | 耐火等级 | | | |
|---|---|---|---|---|---|
| | | 一级 | 二级 | 三级 | 四级 |
| 墙 | 防火墙 | 不燃性<br>3.00 | 不燃性<br>3.00 | 不燃性<br>3.00 | 不燃性<br>3.00 |
| | 承重墙 | 不燃性<br>3.00 | 不燃性<br>2.50 | 不燃性<br>2.00 | 难燃烧体<br>0.50 |

续表

| 构件名称 | | 耐火等级 | | | |
|---|---|---|---|---|---|
| | | 一级 | 二级 | 三级 | 四级 |
| 墙 | 非承重外墙 | 不燃性 1.00 | 不燃性 1.00 | 不燃性 0.50 | 可燃性 |
| | 楼梯间、前室的墙、电梯井的墙、住宅建筑单元之间的墙和分户墙 | 不燃性 2.00 | 不燃性 2.00 | 不燃性 1.50 | 难燃性 0.50 |
| | 疏散走道两侧的隔墙 | 不燃性 1.00 | 不燃性 1.00 | 不燃性 0.50 | 难燃性 0.25 |
| | 房间隔墙 | 不燃性 0.75 | 不燃性 0.50 | 难燃性 0.50 | 难燃性 0.25 |
| 柱 | | 不燃性 3.00 | 不燃性 2.50 | 不燃性 2.00 | 难燃性 0.50 |
| 梁 | | 不燃性 2.00 | 不燃体 1.50 | 不燃体 1.00 | 难燃性 0.50 |
| 楼板 | | 不燃性 1.50 | 不燃性 1.00 | 不燃性 0.50 | 可燃性 |
| 屋顶承重构件 | | 不燃性 1.50 | 不燃性 1.00 | 可燃性 0.50 | 可燃性 |
| 疏散楼梯 | | 不燃性 1.50 | 不燃性 1.00 | 不燃性 0.50 | 可燃性 |
| 吊顶（包括吊顶格栅） | | 不燃性 0.25 | 难燃性 0.25 | 难燃性 0.15 | 可燃性 |

注：1. 除本规范另有规定外，以木柱承重且墙体采用不燃材料的建筑，其耐火等级应按四级确定。
　　2. 住宅建筑构件的耐火极限和燃烧性能可按现行国家标准《住宅建筑规范》GB 50368—2005 的规定执行。

耐火极限就是墙体、梁、板、柱开始被火烧，直到：

1）失去支持能力，失去"稳定性"；

2）墙、板开裂过火，失去"整体性"；

3）墙、板的背火面平均温度达到 140℃ 或任一点温度达到 180℃，失去"隔热性"。

当上述三种情况，任何一种情况出现所需的时间，就称之为该构件的耐火极限，以小时为单位表示。

（2）民用建筑的耐火等级、最多允许层数和防火分区最大允许建筑面积的控制，《建筑设计防火规范》GB 50016—2014 有详细规定，见表 1-4。

不同耐火等级建筑的允许建筑高度或层数、防火分区最大允许建筑面积　　　表 1-4

| 名称 | 耐火等级 | 允许建筑高度或层数 | 防火分区的最大允许建筑面积（m²） | 备注 |
|---|---|---|---|---|
| 高层民用建筑 | 一、二级 | 按表 1-2 的规定 | 1500 | 对于体育馆、剧院的观众厅，其防火分区最大允许建筑面积可适当增加 |
| 单层或多层民用建筑 | 一、二级 | 按表 1-2 的规定 | 2500 | |
| | 二级 | 5 层 | 1200 | — |
| | 四级 | 2 层 | 600 | — |
| 地下或半地下建筑（室） | 一级 | — | 500 | 设备用房的防火分区允许建筑面积不应大于 1000m² |

注：1. 表中规定的防火分区最大允许建筑面积，当建筑内设置自动灭火系统时，可按本表的规定增加 1.0 倍；局部设置时，防火分区的增加面积可按该局部面积的 1.0 倍计算。
　　2. 裙房与高层建筑主体之间设置防火墙时，裙房的防火分区可按单、多层建筑的要求确定。

（3）民用建筑安全疏散距离

民用建筑安全疏散距离应符合《建筑设计防火规范》之规定，详见表1-5。

民用建筑安全疏散的距离（m） 表 1-5

| 名称 | | 位于两个出口之间的疏散门 | | | 位于袋形走道两侧或尽端的疏散门 | | |
| --- | --- | --- | --- | --- | --- | --- | --- |
| | | 耐火等级 | | | 耐火等级 | | |
| | | 一、二级 | 三级 | 四级 | 一、二级 | 三级 | 四级 |
| 托儿所、幼儿园老年人建筑 | | 25 | 20 | 15 | 20 | 15 | 10 |
| 歌舞娱乐放映游艺场所 | | 25 | 20 | 15 | 9 | — | — |
| 医疗建筑 | 单、多层 | 35 | 30 | 25 | 20 | 15 | 10 |
| | 病房部分 | 24 | — | — | 12 | — | — |
| | 其他部分 | 30 | — | — | 15 | — | — |
| 教学建筑 | 单、多层 | 35 | 30 | 25 | 22 | 20 | 10 |
| | 高层 | 30 | — | — | 15 | — | — |
| 高层旅馆、展览建筑、教学建筑 | | 30 | — | — | 15 | — | — |
| 其他建筑 | 单层或多层 | 40 | 35 | 25 | 22 | 20 | 15 |
| | 敞开式 | 40 | — | — | 20 | — | — |

注：1. 建筑内开向外廊建筑的房间疏散门至安全出口的直线距离可按本表的规定增加5m。

2. 直通疏散出口与疏散走道的房间疏散门至最近敞开楼梯间的直线距离，当房间位于两个楼梯间之间时，应按本表规定减少5m；当房间位于袋形走道两侧或尽端时，应按本表规定减少2m。

3. 建筑物内全部设置自动喷水灭火系统时，其安全疏散距离可按本表及注1的规定增加25%。

（4）建筑物的抗震等级

抗震等级和设防烈度二者不是一个概念。

1）抗震等级

抗震等级是设计部门依据国家有关规定，在进行建筑设计时，按建筑物重要性分类与设防标准，并根据烈度、结构类型和房屋高度等条件而确定的。以钢筋混凝土框架结构为例，抗震等级以很严重、严重、较严重及一般，共四个级别来表示。

2）地震烈度

地震烈度是指某一地区地面和各类建筑物遭受一次地震影响破坏的强烈程度，是衡量某次地震对一定地点影响程度的一种度量。同一次地震发生后，不同地区受该次地震影响的破坏程度不同，烈度也就不同，受地震影响破坏越大的地区，烈度越高。判断烈度的大小，是根据人的感觉、家具及物品振动的情况、房屋及建筑物受破坏的程度以及地面出现的破坏现象等。影响烈度的大小有下列因素：地震等级、震源深度、震中距离、土壤和地质条件、建筑物的性能、震源机制、地貌和地下水等。例如，在其他条件相同的情况下，震级越高，烈度也越大。地震烈度是表示地震破坏程度的标度，烈度分为1～12度，与地震区域的各种条件有关，并非地震之绝对强度。

3）震级

震级表示地震强度所划分的等级，我国把地震划分为6级：小地震3级，有感地震3～4.5级，中强地震4.5～6级，强烈地震6～7级，大地震7～8级，大于8级的为巨大地震。

（5）建筑物的防水等级

按《屋面工程技术规范》GB 50345—2012的规定，根据建筑物的类别、重要程度、使用功能要求，将屋面防水等级分为Ⅰ级和Ⅱ级，设防要求分别为两道防水设防和一道防水设防。并对防水做法做了明确规定，详见表1-6～表1-9。

**卷材、涂膜屋面防水等级和防水材料做法一览表** 表1-6

| 防水等级 | 建筑类别 | 设防要求 | 防水做法 |
|---|---|---|---|
| Ⅰ | 重要建筑和高层建筑 | 两道防水设防 | 卷材防水层＋卷材防水层；卷材防水层＋涂膜防水层；复合防水层 |
| Ⅱ | 一般建筑 | 一道防水设防 | 卷材防水层；涂膜防水层；复合防水层 |

注：在Ⅰ级屋面防水做法中，防水层仅作单层卷材时，应符合有关单层防水卷材屋面技术的规定。

**每道卷材防水层最小厚度（mm）** 表1-7

| 防水等级 | 防水卷材名称 | | | |
|---|---|---|---|---|
| | 合成高分子卷材 | 高聚物改性沥青防水卷材 | | |
| | | 聚酯胎、玻纤胎、聚乙烯胎 | 自粘聚酯胎 | 自粘无胎 |
| Ⅰ | 1.2 | 3.0 | 2.0 | 1.5 |
| Ⅱ | 1.5 | 4.0 | 3.0 | 2.0 |

**每道涂抹防水层最小厚度（mm）** 表1-8

| 防水等级 | 合成高分子防水涂膜 | 聚合物水泥防水涂膜 | 高聚物改性沥青防水涂膜 |
|---|---|---|---|
| Ⅰ | 1.5 | 1.5 | 2.0 |
| Ⅱ | 2.0 | 2.0 | 3.0 |

**复合防水层最小厚度（mm）** 表1-9

| 防水等级 | 合成高分子卷材＋合成高分子防水涂膜 | 自粘聚合物改性沥青防水卷材（无胎）＋合成高分子防水涂膜 | 高聚物改性沥青防水卷材＋高聚物改性沥青防水涂膜 | 聚乙烯丙纶卷材＋聚合物水泥防水胶结材料 |
|---|---|---|---|---|
| Ⅰ | 1.2＋1.5 | 1.5＋1.5 | 3.0＋2.0 | （0.7＋1.3）×2 |
| Ⅱ | 1.0＋1.0 | 1.2＋1.0 | 3.0＋1.2 | 0.7＋1.3 |

# 1.3 基本建设的步骤与程序

建设项目从项目确立到竣工使用，要经过许多环节。(1)立项：首先要进行项目的可行性研究，向上级或有关主管部门申报立项；(2)立项批准书；(3)用地申请：由有关规划和国土资源管理部门对项目用地选址审核批复；(4)设计的招投标（设计分甲、乙、丙、丁四级资质），设计中标单位进行建筑方案设计、初步设计和施工图设计，并经审图机构和消防主管部门审查合格；(5)施工招标（分为特级、一级、二级、三级共四级资质）；(6)监理单位招标（分为甲、乙、丙三级资质）；(7)办理施工许可证后即可施工；(8)竣工验收（由勘察单位、设计单位、施工单位、监理单位、建设单位五方验收签字并加盖公章）；(9)竣工消防验收并取得合格证；(10)人防单位对人防工程的审批验收；(11)最终取得"竣工验收备案证书"。至此整个建设过程方告圆满结束。

### 1. 工程项目可行性研究报告

工程项目可行性研究报告的基本内容见表 1-10，该报告应由上级主管部门批复。

**工程项目可行性研究报告的基本内容**　　　　　　　　　　　　　表 1-10

| 序号 | 项目名称 | 内容 | 备注 |
|---|---|---|---|
| 1 | 总论 | (1) 项目简介、项目名称与建设单位；法人代表及项目负责人；项目、规模与投资；项目建设的指导思想；<br>(2) 编制依据 | |
| 2 | 项目建设的背景及必要性 | (1) 项目提出的背景；<br>(2) 项目建设的必要性 | |
| 3 | 项目选址及建设条件 | (1) 建设项目地址；<br>(2) 建设条件分析：气象条件（气温、降水、风速、风向），地质条件（工程地质勘察报告的条件、场地土分布情况、水文地质情况），外部条件（工程场地的三通一平情况） | |
| 4 | 项目环境保护及措施 | (1) 在项目建设过程的环境保护中，对产生的噪声、建筑垃圾采取的处理措施；<br>(2) 项目投入使用后，对产生的有害气体、液体所采取的特殊处理措施 | |
| 5 | 项目建设组织、招投标及进度安排 | (1) 项目建设组织：确定工程项目的法人、工程管理团队及负责人；<br>(2) 工程项目招投标：按照《中华人民共和国招投标法》对项目的勘测设计、施工、监理等单位进行招投标，列出开标、评标和中标的程序；<br>(3) 项目建设进度安排：前期工作计划时段、工程设计计划时段、工程招投标计划时段、工程施工计划时段、工程交付使用计划时间 | |
| 6 | 投资估算及资金筹措 | (1) 项目建设投资估算；<br>(2) 资金筹措：阐明资金来源 | |
| 7 | 评估结论及建议 | (1) 评估结论：阐明工程项目建成后的使用效益；<br>(2) 评估建议：阐明工程建设过程中及建成后对项目提出的合理化建议 | |

### 2. 工程立项

工程立项是建设单位报请本市发展改革委员会和本市经济贸易委员会，对拟建项目的规模与资金运作予以批复。工程立项应申报的材料如下：

(1) 项目承办单位申请文件（申报单位概况、申请理由、建设地点、拟建规模、总投资估算及资金来源等）；

(2) 项目建议书；

(3) 行政机关的建设项目需上级主管部门或市政府的书面意见；

(4) 规划部门核发的红线图或选址意见书；

(5) 其他与申报项目有关的材料，如：有关行政管理部门关于该项目立项会议纪要，符合国家法律法规和具有法律效力的协议、合同等。

### 3. 进行工程项目招投标

工程项目招投标首先进行工程设计招标，基本程序是：

(1) 确定发包初步方案（公开招标、邀请招标、竞争性发包、直接发包等）并发布招标公告；

（2）投标人报名，递交资格预审材料，经审核入围设计；

（3）确定评标专家对设计方案进行开标、评标、定标；

（4）中标公示、发布中标通知书、签订合同、招标备案、合同备案。

## 1.4 建筑的相关术语及建筑制图标准

1. 建筑的相关术语

（1）开间：一般指横向墙、横向柱（主梁）列间的距离叫开间（梁柱结构称柱距），如图 1-9（a）、（b）所示。

（2）进深：一般指纵向墙、纵向柱列（连系梁）间的距离叫进深（梁柱结构称跨度），如图 1-9（a）、（b）所示。

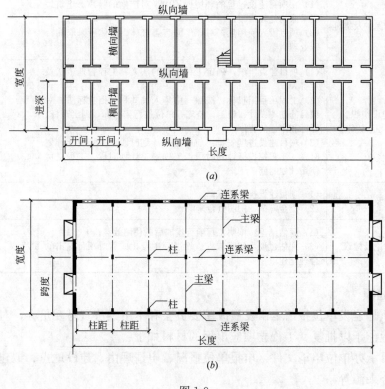

图 1-9

开间、进深尺寸的大小要符合建筑模数。

（3）建筑模数

为了提高建筑工业化的水平，国家制定了《建筑统一模数制》。规定了建筑的开间（柱距）、进深（跨度）、层高、门窗洞口、建筑构配件、建筑制品等尺寸都应该符合模数要求。

1）基本模数：规定基本模数＝100mm，以 $M_0$ 表示。

2）扩大模数：扩大模数是基本模数的倍数，规定为 $3M_0＝300$mm、$6M_0＝600$mm、

$15M_0 = 1500\text{mm}$、$30M_0 = 3000\text{mm}$、$60M_0 = 6000\text{mm}$ 等。一般民用建筑的开间、进深等多采用 $3M_0$。

3）分模数：分模数共三个，$1/10M_0 = 10\text{mm}$、$1/5M_0 = 20\text{mm}$、$1/2M_0 = 50\text{mm}$，多用于结构构件。

（4）比例

建筑物的比例，系指建筑物各部分本身三维尺寸大小及各部分之间大小的相互比较关系。如建筑立面的高与宽；门窗的高与宽；窗与窗之间大小的比较；窗与墙面大小之间的比较等。它可以用数字来表达。图 1-10 是公元前 6 世纪，古希腊"毕达哥拉斯"学派将数运用于美学。认为最完美的长宽比，是 1∶1.618，这就是著名黄金分割（图 1-10）。

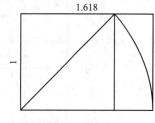

图 1-10　黄金分割

（5）尺度

建筑物的尺度是度量建筑物在感观上大小的"标尺"。此"标尺"是建筑物的基本组成部分，如台基、栏杆、柱式、门窗和屋顶等。改变它们在建筑物中的大小比例，会导致建筑物感观上的大小变化。在建筑设计中，一般都采用正常的构件尺度，使建筑物的实际大小尽量与感观上的大小相符合。

图 1-11（a）的建筑基本组成部分为正常尺度，而图 1-11（b）的台基、门窗、等尺度加以放大，加上象征屋顶部分的外檐装修，六层楼感觉像是三层楼，这就是尺度所起的作用。

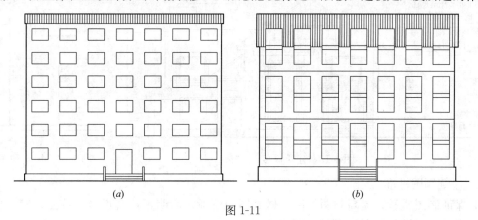

（a）　　　　　　　　　　　　　　　（b）

图 1-11

（a）正常尺度立面效果；（b）放大构件尺度的立面效果

（6）定位轴线

定位轴线是确定建筑结构承重构件（墙、柱、主梁等）位置的线，在建筑图上它由点画线和直径 8～10mm 的圆圈组成。一栋建筑有许多条定位轴线，为方便施工，轴线要进行编号。按照《国家制图标准》规定，编号由左下角开始向右，用阿拉伯数字依序标注；向上用大写拉丁字母依序标注，但 I、O、Z 三个字母不参与编号（因与阿拉伯数字之 1、0、2 易混淆）。插入轴（辅助轴线）用分数表示（图 1-12）。

（7）建筑高度

建筑屋顶为坡屋顶时，建筑高度应为建筑室外设计地面至其檐口与屋脊的平均高度；建筑屋顶为平屋顶（包括有女儿墙的平屋面）时，建筑高度应为建筑室外设计地面至其屋面面层的高度（图 1-13）。

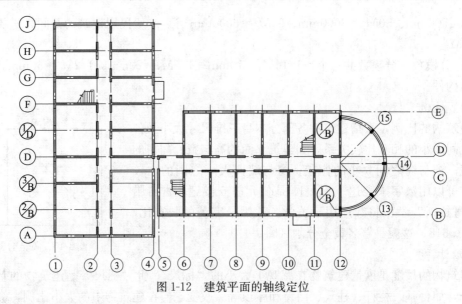

图 1-12　建筑平面的轴线定位

（8）层高和净高

层高是指楼层地面间的高度；净高是指房间顶部最低点到楼地面的距离（图 1-14）。

图 1-13　建筑高度　　　　　　　　　　　　　图 1-14　层高和净高

2. 建筑制图标准

为保证制图质量，提高制图效率，做到图面清晰、简明，符合设计、施工、存档的要求，住房城乡建设部发布了统一制图标准。

（1）图幅

制图标准规定，图纸基本幅面的规格分为 A0～A4 号共五种，各号图纸的规格见表 1-11。表中基本幅面代号如图 1-15 所示。

图纸基本幅面（mm）　　　　　　　　　　　　　　　　　表 1-11

| 基本幅面 | A0 | A1 | A2 | A3 | A4 |
|---|---|---|---|---|---|
| $b \times l$ | 841×1189 | 594×841 | 420×594 | 297×420 | 297×210 |
| $c$ | 10 | | | 5 | |
| $a$ | 25 | | | | |

为尽可能减少图纸规格使图纸划一，在施工图中应以一种宽度的图纸为主。特殊情况下可将 0、1、2、3 号图纸加长。

12

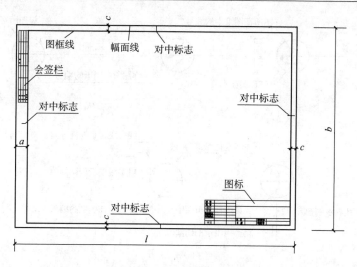

图 1-15　图纸幅面规格

（2）尺寸标注

尺寸注法由尺寸界线、尺寸线、尺寸起止点和尺寸数字组成，尺寸数字注于水平尺寸线的上侧，垂直尺寸线的左侧（图 1-16）。

标志尺寸：指建筑构配件的定位尺寸。

（3）符号标注

1）标高

标高是以某一高度为基本高程，来标定待定处的标高。有绝对标高和相对标高两种。我国规定我国领域的大地标高均以

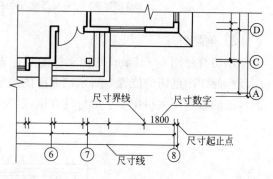

图 1-16　尺寸标注

山东青岛的黄海平均海面高度为零点（国家测绘局在青岛海滨设置了一个"国家零点标志"），以此为标准所标注的系列标高称"绝对标高"。

相对标高是以建筑物首层地坪为零点（±0.000）表达房屋各个部位的上下顶面（楼地面、门窗洞口、女儿墙顶面等）的高度，称为相对标高。用标高符号表示（图 1-17a），标高数字以米为单位，高于地面标高的为正标高，否则为负标高。

绝对标高，以填实三角形表示之（图 1-17b）。

图 1-17

（a）相对标高符号；（b）绝对标高符号

2）详图索引及详图

为满足施工的要求，施工图中要绘制许多详图。详图与基本图（平、立、剖面图）的关系就要靠详图索引及详图标志来表示，其标注方式如图 1-18 所示。

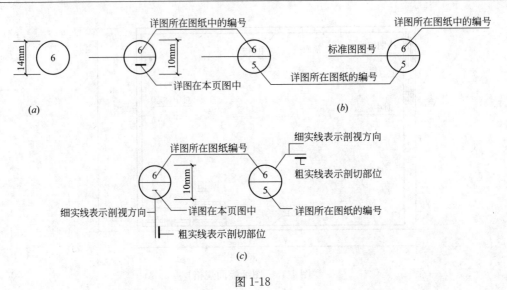

图 1-18

（*a*）详图标志；（*b*）局部放大的详图索引；（*c*）局部剖面的详图索引

3）剖切符号

剖切符号用 6～10mm 的粗实线短划标志绘制在首层建筑平面图中，以标明建筑剖面图及断面详图剖切的位置。所示剖面图的编号用阿拉伯数字标注在剖视方向一侧，所示断面详图的编号用大写拉丁字母标注在剖视方向一侧（图 1-19）。

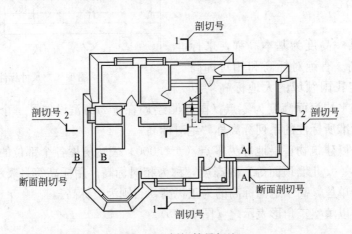

图 1-19　剖切符号标注

4）指北针

为说明建筑物的朝向，在总平面图、首层建筑平面图中绘制指北针。制图标准规定，指北针由直径 24mm 的圆圈和尾宽 3mm 的箭头组成，箭头前端指北（图 1-20）。

5）风玫瑰图

风玫瑰图（图 1-21）是根据某一地区多年平均统计的各个方向吹风次数的百分数值，按一定比例绘制的。一般多用 8 个或 16 个罗盘方位表示。

风玫瑰图上所表示的风的吹向，是指从外面吹向中心的。实线和虚线分别表示冬夏的吹风情况。

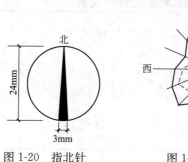

图 1-20  指北针          图 1-21  风玫瑰图

## 1.5  建筑工业化简介

建筑工业化是指用现代化大工业生产方式建造房屋的方法。它是对传统的用手工业生产方法建造房屋的变革。

建筑工业化也就是把建筑构配件乃至整幢房屋作为建筑生产产品，进行机械化、工厂化的加工、运输、安装或浇筑的一种生产方法。一般来说它包括设计标准化、生产工厂化、施工机械化，以及组织管理科学化等内容。

机械化是建筑工业化的核心，只有实现建筑产品生产、施工机械化才能加快施工进度、降低劳动强度、提高工程质量，从根本上改变建筑业的落后状态。

设计标准化是建筑工业化的前提条件。因为要实现建筑产品的工业化、机械化和批量生产，必须使建筑及其构件定型化、标准化，减少其规格类型，使之最大限度地统一、可互换。

建筑产品生产工厂化可以改善工人的劳动条件，提高产品质量和生产效率，因此它也是建筑工业化不可缺少的条件。

实现上述"三化"，组织科学化是关键，只有实行规划、设计、生产、施工的统一指挥、科学管理，才能使建筑工业化的步调一致，健康发展。

工业化建筑的主体结构主要是采用钢筋混凝土材料，其施工工艺有：预制装配的，工具式模板现浇的，或者是预制与现浇相结合。在民用建筑中，按结构施工工艺综合特征考虑，工业化建筑的类型有：砌块建筑、大板建筑、大模板建筑、框架轻板建筑、滑模建筑、升板建筑、盒子建筑等。

1. 砌块建筑

砌块墙：由于普通黏土砖的烧制，破坏了大量的土地资源，尤其是耕地，耕地在我国是很匮乏的。因此，以砌块替代黏土砖是墙体改革的一大出路。砌块外墙的通常工程做法见表 1-12；常用砌块的规格及用料见表 1-13。

**砌块外墙的通常工程做法**　　　　　　　　　　表 1-12

| 基层墙体① | 保温隔热层和固定方式② | 保护层③ | 饰面层④ | 构造示意图 |
|---|---|---|---|---|
| 承重混凝土空心砌块<br>炉渣混凝土空心砌块<br>加气混凝土砌块 | 岩棉或聚苯板（用锚栓或用锚筋固定），抹保温灰等做法 | 网格布或金属网一道，水泥砂浆抗裂砂浆罩面 | 外墙涂料或面砖 | ①  ②③④ |

**常用砌块规格及用料一览表** 表 1-13

| 分类 | 小型砌块 | 中型砌块 | | 大型砌块 |
|---|---|---|---|---|
| | 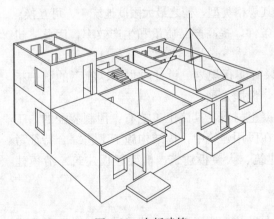 | | | |
| 用料 | 细石混凝土 | 细石混凝土 | 粉煤灰<br>石灰<br>磷石膏<br>煤渣 | 粉煤灰<br>石灰<br>石膏<br>泡沫剂 |
| 规格<br>厚×高×长 | 90×190×190<br>190×190×190<br>190×190×390 | 180×845×630<br>180×845×830<br>180×845×1030<br>180×845×1280<br>180×845×1480<br>180×845×1680<br>180×845×1880<br>180×845×2130 | 190×389×280<br>190×389×430<br>190×389×580<br>190×389×880 | 200×600×2700<br>200×700×3000<br>200×800×3300<br>200×900×3600 |
| 最大块重量（kg） | 13 | 295 | 102 | 650 |

注：表中所列规格尺寸仅供参考，选用时以厂家生产尺寸为准。

图 1-22 大板建筑

### 2. 大板建筑

由于起重和运输设备的发展与完善，施工科技人员将墙体工程，由机制小砖、砌块开发成整间的墙板，这就是大型板材，也叫大板。大板是在预制构件厂生产的，可大大改善工人的劳动条件和减少施工现场的环境污染。由大型板材装配组装起来的建筑，叫大板建筑（图 1-22）。大型板材分内墙板、外墙板、楼板和屋面板。板材的规格，可以是一间房屋的一面墙，制成一块板，也可以制成多块板。内墙板无保温隔热要求多为单一建材；外墙板由于有保温、隔热、隔声、防风雨和美观等要求，多为几种材料复合而成（表 1-14）。

**常用大型板材简图一览表** 表 1-14

| 内墙板 | | | 复合保温外墙板 | |
|---|---|---|---|---|
| 实心墙板 | 空心墙板 | 震动砖墙板 | 结构层在内侧 | 结构层在外侧 |

| 内墙板 | | | 复合保温外墙板 | |
|---|---|---|---|---|
| 实心墙板 | 空心墙板 | 震动砖墙板 | 结构层在内侧 | 结构层在外侧 |
| 采用普通混凝土粉煤灰矿渣混凝土陶粒混凝土等，厚度120～140mm 一般不配筋，多在边角洞口处配构造筋 | 采用钢筋混凝土孔洞成圆形、椭圆形、倒角长方形，厚度：140～180mm | 常用机制黏土砖、空心砖、多孔砖，其厚度采用半砖120mm，墙板总厚度为140mm | 夹层外墙板在内外两层钢筋混凝土之间设一层保温材料，内外钢筋混凝土板用：拉结构件、钢筋网等 | 同左 |

### 3. 工具式大模板

随着建筑工业化的发展，施工现场的模板由一次性木模板，发展成能多次使用工具式的大模板，它包含平板模、角模、筒子模、隧道模、滑升模板等（图 1-23）。

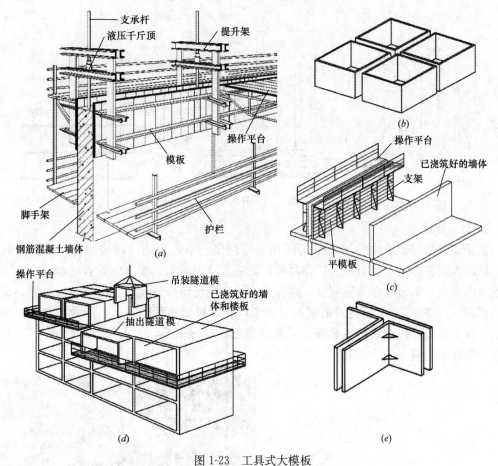

图 1-23　工具式大模板

(a) 滑升模板；(b) 筒子模；(c) 平板模；(d) 隧道模；(e) 角模

采用工具式大模板施工：常用筒子模和平板模和大、小角模组合模体，用于符合设计要求的内外墙的现场浇筑；也可同预制外墙板、楼板、屋面板等联合并用，实施现场施工。

采用隧道模施工时，内墙和楼板同时浇筑，在下层楼板上敷设临时导轨，整个模板待所浇筑混凝土结构达到设计强度时，像拉抽屉一样将模板抽出，运至下一道施工工段上再行施工。

滑模建筑就是用滑升模板浇筑的墙体内钢筋作支承杆，滑升模板的提升架以液压千斤顶为动力将模板提升到设计位置，再行混凝土浇筑。其优点是结构整体性好，施工速度快，适合于厚度一致洞口少的钢筋混凝土墙体施工。

**4. 升板建筑**

升板建筑是用房屋自身柱子作导杆，将预制楼板和屋盖提升就位的一种建筑（图 1-24）。其施工程序是根据设计要求，现场施工柱子的基础，然后吊装柱子（柱子上预留间休孔），待柱子就位固定后，作好地坪以地坪为底模，就地重叠灌筑各层楼板。各层楼板和屋面板之间都要涂刷隔离剂。待板达到应有强度后，通过安置在柱上的提升设备以柱子为支承导杆，将各层楼板和屋面板按提升程序，自上而下逐层提升到位，在提升过程中为避免柱子失稳，板与板的间距不宜过大，然后将板自下而上的顺序和柱子连接固定。升板建筑具有节约模板、减少高空作业及劳动强度、设备简单、施工工期短，适合于狭窄地区施工等优点。

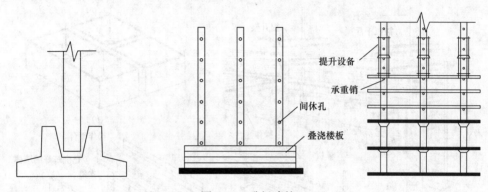

提升设备
承重销
间休孔
叠浇楼板

图 1-24　升板建筑

**5. 盒子建筑**

盒子建筑是将建筑物的一个个房间在工厂制作完毕，运到现场按照设计要求进行组装。较深入完善的盒子建筑在工厂预制时，就将房间内的水、暖、电等管线敷设完毕，甚至连室内家具、窗帘等都安装到位。这样的盒子建筑现场吊装就位，接好设备外网，即可入住使用（图 1-25）。盒子建筑的优点是：工厂化和机械化程度高；生产效率高，建筑速度快；减少现场湿作业和环境污染。其建筑造型具有雕塑感，如 1967 年加拿大蒙特利尔市建成的盒子建筑（图 1-26）。

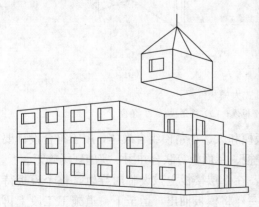

图 1-25　盒子建筑

图 1-26　加拿大蒙特利尔市的盒子建筑

# 1.6 绿色建筑简介

绿色建筑是指在建筑的全寿命周期内，最大限度地节约资源（节能、节地、节水、节材），保护环境和减少污染，为人们提供健康、适用和高效的使用空间，与自然和谐共生的建筑。

1993 年，在可持续发展理论的推动下，召开的国际建筑师协会第 18 次大会。在"芝加哥宣言"中提出：保持和恢复生物多样性；资源消耗最小化；降低大气、土壤、和水的污染；保障建筑物卫生、安全、舒适；提高环境意识等五项原则。

绿色建筑的主旨是节能、减排、环保；开发利用再生能源。其重中之重还是节能。

节能旨在减少对传统能源（木材、煤炭、石油、天然气等）的使用与依赖；开发利用新能源称之为再生能源（太阳能、风能、地热、生物能等），如图 1-27 所示。

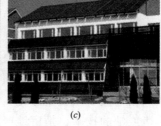

(*a*)　　　　　　　　　(*b*)　　　　　　　　　(*c*)

图 1-27　再生能源开发利用

(*a*) 安装在坡屋面上的太阳能光伏板；(*b*) 风能发电；(*c*) 安装在屋顶和立墙上的太阳能集热器

建筑领域节能的主要措施是：利用太阳能、节水、节电、开发再生建材等。

1. 太阳能：利用太阳的热能来取暖、洗澡、发电。

（1）太阳房　利用太阳能调节室内温度房屋。我们这里只介绍常用的被动式太阳房。被动式太阳房的主要特点是不用专设的集热器、热交换器、管道和热泵等。以自然热交换方式，在冬季集取、保持、储存、传导太阳热能，以解决建筑物的采暖问题。因其结构简单，造价较低，目前被广泛采用。被动式太阳房三种集热方式详图如图 1-28 所示。

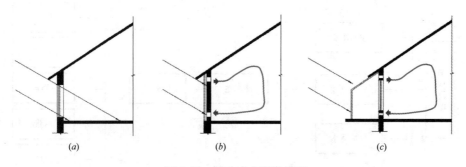

(*a*)　　　　　　　　　(*b*)　　　　　　　　　(*c*)

图 1-28　被动式太阳房简图

(*a*) 直接受益式；(*b*) 集热墙式；(*c*) 温室阳光间式

1）直接受益式：冬季建筑物在白天，阳光通过大面积的透光材料直接照射室内，来获取热量，并贮存于地面或墙体中，夜间放下窗子的保温帘，保持房间温暖的一种直接受益太阳能建筑用房。

2）集热墙式：集热墙式太阳房主要是利用南向垂直集热墙，吸收穿过玻璃采光面的阳光，然后通过传导、辐射及对流，把热量送到室内。集热墙的外表面涂刷深色吸热涂料，吸收太阳能。

3）温室阳光间式：这种太阳房是在房子南侧，设置温室暖房。用一集热墙或透光隔墙将其与主体房子隔开。冬季白天的温室阳光间的温度都比室外高，它既可以供给房间以太阳热能，又可起到一个缓冲空间的作用，减少房间的热损失，由于阳光间直接得到太阳的照射和加热，所以它本身就起着直接受益系统的作用。白天，当阳光间内空气温度大于相邻的房间温度时，通过门窗或集热墙上的通风对流孔，将温室阳光间的热量传入相邻的房间，以提高其室温。它是集直接受式和集热墙两种形式结合而成的太阳房。

（2）太阳能热水器目前广泛使用的是分体式太阳热水器。分体式太阳能中央热水系统具有水量充足、多点供水、节能安全等特性，以及在经济效益、社会效益等方面具有突出的综合优势，尤其是壁挂式太阳能热水器，可以像壁挂式空调一样安装在阳台、墙壁、坡形屋顶等任何地方，解决了高层无法安装的问题，大大提高了太阳能的使用范围。分体式（包括壁挂式）太阳能中央热水系统是综合节能环保系统，集热器适合于多种建筑风格，安装位置多样化，符合国家对"绿色节能建筑"的政策要求，是城市节能建筑不可或缺的技术，是房地产商理想的配套产品，可以为人类生活提供更舒适的生活条件。

2. 节水

水是生命之源。当今水资源的匮乏是有目共睹的，节水迫在眉睫。雨水的收集和废水的再利用是目前节水的主要手段。

雨水属于自然资源若不利用就会白白流走，雨水的再利用，首先要将其收集储存起来，经处理后，使其达到生活杂用水的水质标准，经管道回输给绿化、水景景观、施工、室内的厕卫冲洗等用水，这就能节约大量的生活用水。

雨水收集的渠道有建筑物屋面，道路、广场，绿地等。雨水经管网收集到桶、罐及水槽中，或经滤水池到蓄水池中。雨水回收再利用如图1-29所示。

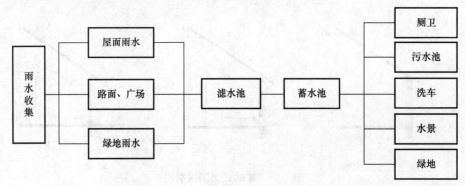

图1-29　雨水回收利用示意图

3. 节电

传统电能来自热电和水电，发达国家利用核电。热电要消耗大量煤炭和天然气，并排放出污染环境的烟尘。节电是各行各业的当务之急。绿色建筑的节电措施有：

（1）充分利用自然采光。建筑设计时要考虑房屋朝向，合理地设置门窗洞口、遮阳、反光板等，高效地将自然光引入室内，减少人工照明用电。

（2）充分采取自然通风。建筑设计时应考虑主导风向的方位，利用正负风压，内天井、烟囱效应等措施提高室内通风，减少机械通风用电。

（3）采用保温隔热性能好的新型建材及门窗。

（4）做好冷桥处的保温隔热减少热损失，降低室内的供热用电（图 1-30）。

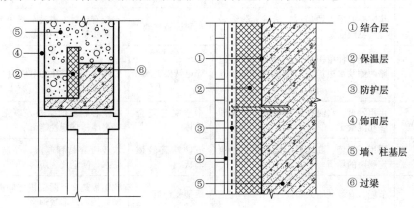

① 结合层
② 保温层
③ 防护层
④ 饰面层
⑤ 墙、柱基层
⑥ 过梁

图 1-30　冷桥部位的保温处理

4. 绿色建筑的新建材

目前新建材品种丰富，绿色建筑在建筑用材方面主要考虑保温、隔热、隔声、防水性能好的材料；选择利用工、农业生产废料制造的新型建材。

如水泥是建筑业不可或缺的用材，过去生产水泥的主材就是石灰石，石灰石是从石灰岩山体开采出来的。石灰岩的开采既破坏了山体表层绿化造成水土流失形成泥石流等自然灾害，又耗费了大量的能源。由于绿色建筑的需求促使建材业开发研制，利用垃圾焚烧灰、矿渣、钢渣、粉煤灰、火山灰、沸石粉等生产出了，既节能又环保的生态水泥和混凝土。

混凝土的再生也给绿色建材的开发增添活力。将废弃的混凝土块经破碎、清洗、分级，作为骨料制成新的混凝土。这既利用了废料又避免建筑垃圾污染环境，是一举多得好措施。

建筑物是由建筑材料组成的。据统计，每年建筑物建造过程中，建材消耗量占建筑成本的 2/3。房屋建筑的耗材量占全国各行业总耗材量比例：钢材消耗占 25%、木材占40%、水泥占 70%、玻璃占 70%、运输 8%。我国建筑能耗（包括建筑材料生产和建筑耗能）大约为全国能耗总量的 25%。建筑物是否是绿色建筑，在很大程度上取决于绿色建筑材料的采用。绿色建筑材料是绿色建筑的灵魂，高效率地开发利用绿色建筑发展绿色建筑的必由之路。主要绿色建筑材料见表 1-15。

| 主要绿色建筑材料（水泥、混凝土、玻璃、墙板）一览表 | | | 表 1-15 |
| --- | --- | --- | --- |
| 名称 | 特性 | 名称 | 特性 |
| 高混合材掺量水泥 | 用工业废渣加工成水泥混合材，降低熟料用量 | 低钙型水泥 | 降低石灰石的配比和降低煅烧温度，具有较好的长期强度性能的水泥 |

续表

| 名称 | 特性 | 名称 | 特性 |
|---|---|---|---|
| 地质聚合物水泥 | 以高岭土为原料制成无水泥熟料胶凝材料。资源丰富，低能耗，基本不排放 $CO_2$ | 保温节能玻璃 | 保温节能玻璃有良好地隔热性能，热量地透过率会降低 70%，以减少降温用电 |
| 稻壳水泥 | 稻壳经煅烧与石灰化学反应后，生成黑色稻壳水泥 | 调光玻璃 | 通过改变玻璃上的电流方向，调节玻璃上的透光率以取得室内采光隔热要求，加压后可限制光和热的通过 |
| 稻壳轻质混凝土 | 强度高、防水、防渗性能好，多用于仓库和地下室 | 隔声隔热玻璃 | 隔声、隔热性能俱佳的玻璃 |
| 再生混凝土 | 将废弃混凝土块破碎，清洗、分级做骨料制成混凝土 | 电磁屏蔽玻璃 | 在涂有反射电磁波的导电膜上，加上电解质膜，增加屏蔽效果 |
| 植被混凝土 | 它是能够种植植物的混凝土，用于道路两侧及水边护坡、楼顶和停车场等部位 | 光电转换玻璃 | 能将太阳光转化为电能的一种玻璃 |
| 透水性混凝土 | 由粗骨料、水泥拌制而成的一种无砂多孔混凝土 | 中空夹芯复合墙体 | 在空心砌块的空心处填充保温材料，提高墙体保温性能 |
| 吸声混凝土 | 适用于机场、高速路、地铁等产生恒定噪声的场所 | 五防高强轻体墙板 | 农业废弃秸秆制成，能防火、防震、防水、防老化、防裂 |
| 新型玻璃 | 节能、有效利用太阳能 | 铝塑复合板 | 铝塑板是 2 层薄铝板之间夹一层塑料的高档内外墙装饰板 |
| 着色玻璃 | 能吸收红外线、紫外线 | 蜂窝板 | 蜂窝板由两块表板中间填充仿生蜂巢造型的蜂窝板成一体，其板以表板用材命名，有轻质、高强、刚度好，保温、隔热等优点 |
| 不反光玻璃 | 减少眩光、避免光污染 | 金属中空复合板 | 面层采用金属板，中间用塑料中空芯板构成，它具有装饰效果好宜加工等优点 |
| 保温节能玻璃 | 包括中空玻璃、真空玻璃、镀膜玻璃，其特点是保温、节能、隔声效果好 | 石膏蔗渣板 | 采用石膏和甘蔗制糖废渣，经混合成型、施压、养护、干燥而成，可替代木料的装饰用材 |
| 新型热反射玻璃 | 在玻璃上镀一层金属膜，能反射太阳能，可降低夏季室温 | 麦秸板 | 将麦秸切割、锤碎、分级，经拌胶铺装成型，加压砂光等工序造成麦秸板 |
| 高性能隔热复层玻璃 | 在玻璃复层中涂一层能加压特殊金属膜 | 稻壳砖 | 用稻壳、水泥、树脂经模压成型具有轻质、耐压、防火、防水等性能 |

# 第2章 建筑设计

建筑设计分三个阶段完成。即方案设计；初步设计（小型建筑可免）；施工图设计。

## 2.1 方案设计

方案设计是建筑设计中至关重要的一环。同为上海世博会的展馆，其使用功能相同，但受其不同国家和地区的政治、经济、文化、科技等诸因素的影响，而设计出的展馆造型千差万别、各有千秋（图2-1）。

中国展馆　　　　　　　　　　　尼泊尔展馆

英国展馆　　　　　　　　　　　西班牙展馆

贝宁共和国展馆　　　　　　　　荷兰展馆

图2-1　上海世博会部分场馆

23

同一平面也可以设计出不同的立面（图 2-2），可见建筑的方案设计是何等的重要。

图 2-2　同一平面不同的立面形式

方案设计阶段的文件，由设计说明书和设计图纸两部分组成。

1. 设计说明书

包括各专业说明书和投资估算等内容。

（1）建筑设计说明书

阐明建筑方案设计的构思和特点，包括建筑群体和单体的空间处理、立面造型和环境营造及分析（如日照、通风、采光等）；建筑防火、交通组织及安全疏散；关于无障碍和智能设计的简要说明；在建筑声学、热工节能、建筑防护、电磁波屏蔽及人防地下室等方面有特殊要求时，应做相应说明。

（2）给水排水设计说明书

在方案设计阶段，给水设计应阐明：水源情况简介，用水量及耗热量估算，给水系统，消防系统，热水系统，饮用净水系统，中水系统，水景及游泳池给水系统和其他节水措施等。

排水设计应阐明：排水体制，估算污水、废水、雨水排水量，污废水排水系统、雨水排水系统，局部污、废水的处理及综合利用等。

其他专业的设计说明就不列举了。

2. 设计图纸

建筑专业的方案阶段要出的图有：

（1）总平面图：需表明场地区域位置；场地的范围（用地和建筑物各角点的坐标或定位尺寸、道路红线）；场地内及四邻环境的反映（四邻原有及规划的城市道路和建筑物，场地内需保留的建筑物、古树名木、历史文化遗存、现有地形与标高、水体、不良地质情况等）；场地内拟建道路、停车场、广场、绿地及建筑物的布置，并表示出主要建筑物与用地界线（或道路红线、建筑红线）及相邻建筑物之间的间距；拟建主要建筑物的名称、出入口位置、层数、设计标高，以及地形复杂时主要道路、广场的控制标高；指北针、风玫瑰图、比例尺；根据需要绘制反映方案特性的分析图。

（2）单体建筑方案图纸

它包括建筑平面图、立面图、剖面图、透视图或鸟瞰图。

1）平面图应表示的内容

①建筑平面图应标注两道尺寸线，即建筑总尺寸和房间的开间、进深尺寸或柱网尺寸（建筑设计在方案设计过程中，尺寸的详细标注并不是必须的。此阶段重在建筑方案的构思与立意，甚至是徒手绘制的铅笔或彩笔草图，当不标注尺寸时应标明比例或比例尺）；②注明各使用房间的名称；③结构承重的墙、柱；④各楼层地面标高、屋面标高；⑤必要时绘制出主要用房的放大平面和室内布置；⑥首层平面上应标注剖面图剖切线的位置和编号；⑦并标注指北针；⑧标明图纸名称、比例或比例尺。

2）立面图应表示的内容

①体现建筑造型的特点，绘制一两个有代表性的立面表达之；②标注各主要部位最高点标高或主体建筑的总高度；③当新建建筑与相邻建筑有关联时应绘制出相邻建筑的局部立面；④标明图纸名称、比例或比例尺。

3）剖面图应表示的内容

①剖面图绘制出该建筑物高度和层数，空间关系比较复杂的部位；②标明各层标高及室内外地面标高，室外地面至檐口（女儿墙）的建筑总高度；③剖面图的编号、比例或比例尺。

4）表现图（透视图或鸟瞰图）

表现图的作用是使业主和有关部门，能直观地看到即将兴建的建筑建成后的效果（认真绘制的表现图是完全能够反映出建成后的实际效果的，如图 2-3 所示），它也是帮助建筑师推敲方案的重要手段。

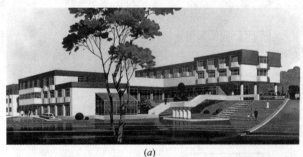

*(a)*

*(b)*

图 2-3

（*a*）方案透视图；（*b*）在建期间的照片

25

　　建筑方案的构思过程，是建筑师综合运用多学科知识，结合美学原理进行建筑创作的过程。

　　方案构思过程是建筑师如同写文章一般由总体到局部、由浅入深，先是主题立意，然后是写作提纲，继而是内容写作和修辞，文章由文字组成，而建筑方案则由建筑语言——建筑图样来表达。

　　若建筑图是建筑师的语言，那么建筑图例就是组成建筑语言的词汇，要理解语言，就要先掌握词汇，即建筑图例（表 2-1、表 2-2）。

**建筑材料常用图例**　　　　　　　　　　　　　　　　　　　　　　表 2-1

| 序号 | 名称 | 图例 | 序号 | 名称 | 图例 |
|---|---|---|---|---|---|
| 1 | 自然土壤 | | 16 | 泡沫塑料材料 | |
| 2 | 夯实土壤 | | 17 | 木材 | |
| 3 | 砂、灰土 | | 18 | 胶合板 | |
| 4 | 砂砾石、碎砖三合土 | | 19 | 石膏板 | |
| 5 | 石材 | | 20 | 金属 | |
| 6 | 毛石 | | 21 | 网状材料 | |
| 7 | 普通砖 | | 22 | 玻璃 | |
| 8 | 耐火砖 | | 23 | 橡胶 | |
| 9 | 空心砖 | | 24 | 塑料 | |
| 10 | 饰面砖 | | 25 | 防水材料 | |
| 11 | 焦渣、矿渣 | | 26 | 粉刷 | |
| 12 | 混凝土 | | 27 | 常绿针叶树 | |
| 13 | 钢筋混凝土 | | 28 | 常绿阔叶乔木 | |
| 14 | 多孔材料 | | 29 | 常绿阔叶灌木 | |
| 15 | 纤维材料 | | 30 | 花卉 | |

**建筑配件常用图例** 表 2-2

| 序号 | 名称 | 图　例 | 序号 | 名称 | 图　例 |
|---|---|---|---|---|---|
| 1 | 墙体 | 大比例尺下的墙体，须绘出墙体的用材图例 | 11 | 下悬窗<br>立转窗 | 下悬窗　　立转窗 |
| 2 | 坡道 | | 12 | 自动门<br>上翻折叠门 | 自动门　　上翻折叠门 |
| 3 | 平面高差 | 20<br>适用于高差<10m的楼、地面处 | 13 | 转门<br>两侧为平开门 | |
| 4 | 洞口 | 窗洞　　门洞 | 14 | 厕所、淋浴间 | |
| 5 | 平开门 | | 15 | 墙体预留洞<br><br>墙体预留槽 | 宽×高或(φ)<br>洞底(顶或中心)标高<br>宽×高×深或(φ)<br>洞底(顶或中心)标高 |
| 6 | 弹簧门 | | 16 | 孔洞 | |
| 7 | 推拉、折叠门 | 推拉门　　折叠门 | 17 | 坑槽 | |
| 8 | 平开窗 | 外开　　内开 | 18 | 烟道 | |
| 9 | 推拉窗<br>高窗 | 推拉窗　　高窗 | 19 | 通风道 | |
| 10 | 上悬窗<br>中悬窗 | 上悬窗　　中悬窗 | 20 | 电梯 | |

续表

| 序号 | 名称 | 图 例 | 序号 | 名称 | 图 例 |
|------|------|-------|------|------|-------|
| 21 | 首层楼梯 | 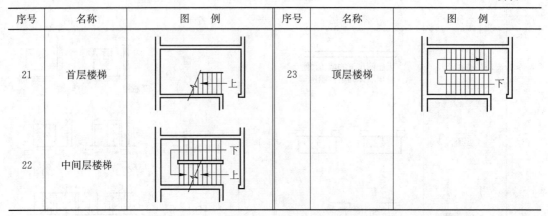 | 23 | 顶层楼梯 | |
| 22 | 中间层楼梯 | | | | |

以上图例是建筑师用以表达建筑方案的重要手段，也是建筑师与建筑工程各专业的工程技术人员，以及工程管理人员进行沟通的要件。建筑师从方案草图乃至施工图各设计阶段都离不开它。方案设计阶段又有草图和报批图之分。草图多以徒手绘制，报批图则以仪器或计算机绘出。

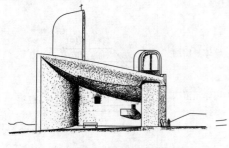

图 2-4　朗香教堂草图

3. 方案设计图示例

（1）徒手草图

建筑师首先要掌握的就是徒手草图。古今中外的建筑大家都有着坚实的草图功底。建筑史上著名的朗香教堂就是在图 2-4 所示草图的基础上兴建起来的。

建筑方案的构思往往在建筑师脑海的一闪中，建筑师将脑海中一闪的灵感迅速地记录下来。

图 2-5 是天津大学彭一刚先生在旅途无纸的情况下，于信封上用钢笔记录下脑海里构思的设计方案。这充分说明徒手草图快捷而方便，便于方案的推敲和修改。

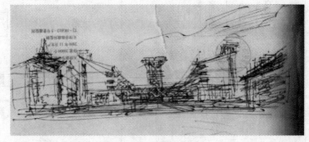

图 2-5　钢笔草图

图 2-6 是天津大学黄为隽先生用铅笔为学生修改的设计草图。黄先生寥寥数笔将公园茶室平面各部分间的有机组合，表达得异常清晰；立面造型，方圆相济、错落有致、质感明确。建筑衬景与主体的虚与实，皆以用笔的轻重取得。

（2）仪器草图

为进一步深化建筑方案，将徒手草图按照一定的比例用仪器绘制出来，可有效地推敲建筑物的各部分比例、尺度与虚实关系，其图纸深度如图 2-7（a）、图 2-7（b）所示。它是

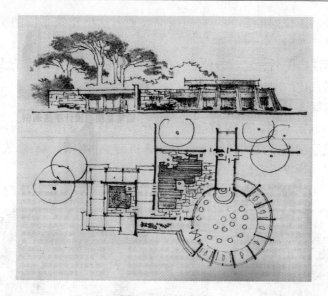

图 2-6 铅笔草图

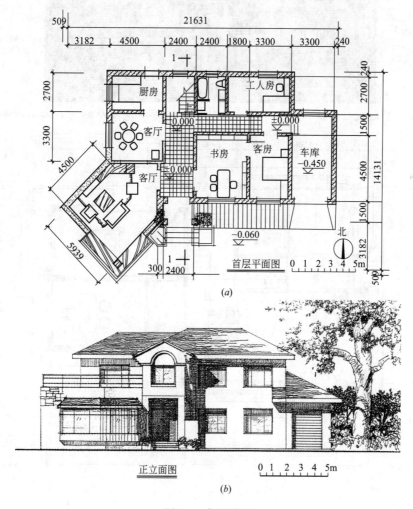

(a)

(b)

图 2-7 仪器草图

在徒手草图的基础上用仪器绘制的。它能较准确地表达出建筑平面的房间组合、家具布置、立面造型及材质选用。

平面图中应标注出图名、建筑方位、比例尺、轴线尺寸、家具布置及房间名称,立面图则应标注出图名、比例或比例尺。

（3）计算机方案图

经仪器绘制的方案草图,是较精准的,易于发现徒手草图中的问题,并进行修改定稿,最后用计算机绘制成报批的方案图。因计算机有少占空间、易修改、出图快等优点,目前仪器草图也多用计算机完成。

图 2-8（$a$）、（$b$）、（$c$）、（$d$）是在图 2-7 草图的基础上,修改绘制的计算机图。

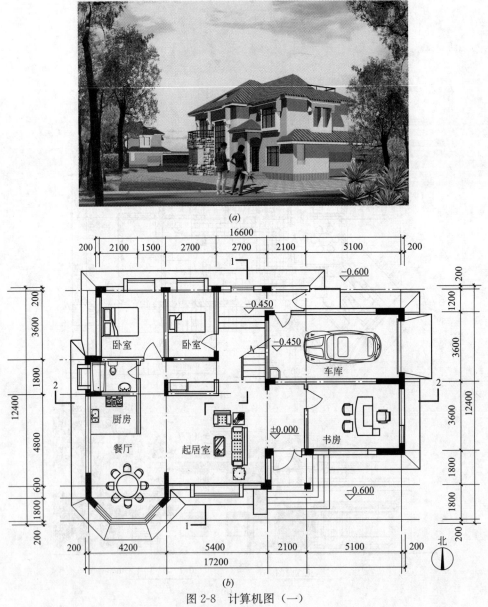

图 2-8　计算机图（一）

（$a$）透视图；（$b$）首层平面图 1∶50

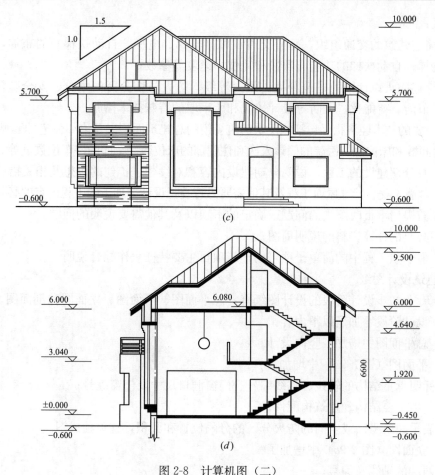

图 2-8 计算机图（二）

(c) 南立面图 1：50；(d) 剖面图 1：50

## 2.2 初 步 设 计

方案设计被批准后，就要深化设计。功能不复杂的建筑可直接进入施工图设计，否则要进行初步设计。

建筑专业初步设计的文件由设计说明书、设计图纸和工程概算书等组成。

1. 设计说明书中应阐明

(1) 设计依据及设计要求：

1) 摘述设计任务书和其他依据性资料中与建筑本专业有关的主要内容；

2) 表述建筑类别和耐火等级，抗震设防烈度，人防等级，防水等级及适用规范和技术标准；

3) 简述建筑节能和建筑智能化等要求。

(2) 设计说明：

1) 概述建筑物的使用功能和工艺要求，建筑层数、层高和总高度，结构选型和对设计方案调整的内容及原因；

2) 简述建筑的功能分区、建筑平面布局和建筑组成，以及建筑立面造型，与周围环境的关系；

3）简述建筑的交通组织，垂直交通设施（楼梯、电梯、自动扶梯）的布局，以及所采用的电梯、自动扶梯的功能、数量和吨位、速度等参数；

4）综述防火设计中的建筑分类、耐火等级、防火防烟分区的划分、安全疏散，以及无障碍、节能、智能化、人防等设计情况和所采取的特殊技术措施；

5）主要的技术经济指标包括能反映建筑规模的总建筑面积以及诸如住宅的套型和套数、旅馆的房间数和床位数、医院的门诊人次和住院部的床位数、车库的停车位数量等。

（3）对分期建设的工程，说明分期建设内容和对续建、扩建的设想及相关措施。

（4）幕墙工程、特殊屋面工程及其他需要另行委托设计、加工的工程内容的必要说明。

（5）需提请审批时解决的问题或确定的事项以及其他需要说明的问题。

（6）必要的计算资料的说明简图。

（7）多子项工程中的简单子项可用建筑项目主要特征表作综合说明。

2. 建筑设计图纸

建筑专业初步设计阶段的设计图纸有：总平面图、平面图、立面图和剖面图。图纸深度比方案设计阶段增加了以下内容：

（1）总平面图中增加了竖向设计。

（2）平面图（图 2-9a）中增加了：

1）标明承重结构的轴线、轴线编号、门窗洞口尺寸及门窗编号；

2）绘出主要结构和建筑构配件；

3）表示建筑平面或空间的防火分区的分隔位置和面积，宜单独成图。

（3）立面图（图 2-9b）中增加了：

1）两端的轴线及编号；

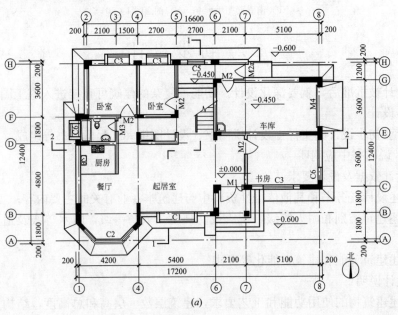

图 2-9 （一）

（a）首层平面图 1：50

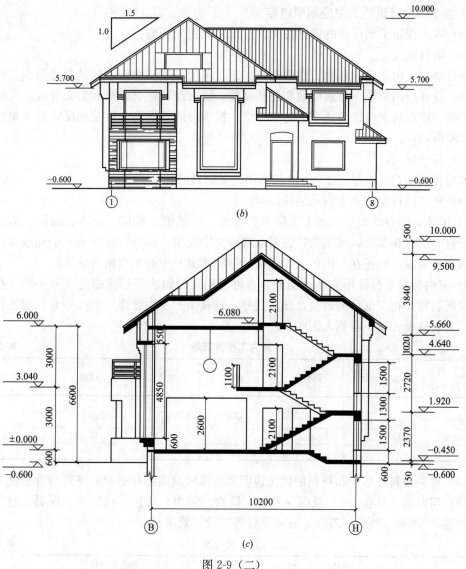

图 2-9（二）

(b) ①—⑧立面图 1：50；(c) 1—1 剖面图

2）立面外轮廓及主要结构和建筑构配件的可见部分；

3）平剖面未能表示的屋顶及高耸物的建筑高度。

（4）剖面图（图 2-9c）中增加了：

1）主要内、外承重墙、柱的轴线及轴线编号；

2）所剖各楼层地面、室外地面、雨篷、阳台的标高及尺寸，以及建筑的总高度。

## 2.3　施工图设计

初步设计被批准后，就要进入施工图设计阶段。

建筑专业施工图设计的文件，由图纸目录、施工图、设计说明、设计图纸、工程预算书等组成。

1. 施工图设计说明书中应阐明内容

(1) 本工程施工图设计的依据性文件、批文及相关规范。

(2) 项目概况：

项目概况应包括建筑名称、建设地点、建设单位、建筑面积、建筑基底面积、建筑工程等级、设计使用年限、建筑层数和建筑高度、防火设计建筑分类和耐火等级、人防工程防护等级、屋面防水等级、地下室防水等级、抗震设防烈度等，以及能反映建筑规模的主要技术经济指标。

(3) 设计标高：

本项目的相对标高基点±0.000与总图绝对标高的关系。

(4) 建筑用材说明和室内外装修说明：

1) 墙体、墙身防潮层、地下室防水、屋面、外墙面、勒脚、散水、台阶、坡道、油漆、涂料等用材和做法，可用文字说明或部分文字说明，部分直接在图上引注或加注索引号（引用国家或当地正在使用的《建筑设计标准图集》中的工程做法编号）。

2) 室内装修部分除用文字说明外，亦可以用工程做法表形式表达（表2-3）。在表中填写房间名称，相应部位的做法及做法代号。较复杂的室内装修可委托专业公司进行设计施工，其装修设计就不必列入表中了。

**室内工程做法表**　　　　表 2-3

| 房间名称 ＼ 部位 | 楼、地面 | 踢脚板 | 墙裙 | 内墙面 | 顶棚 | 备注 |
|---|---|---|---|---|---|---|
| 门厅 | 地1 | 踢1 | — | 墙1 | 棚2 | |
| 走廊 | 楼1、地2 | 踢2 | 裙1 | 墙2 | 棚3 | |
| 办公室 | 楼1、地2 | 踢3 | — | 墙2 | 棚3 | |

(5) 对采用新技术、新材料的做法说明及特殊建筑造型和必要的建筑构造的说明。

(6) 门窗表（见表2-4）及门窗性能（防火、隔声、防护、抗风压、保温、空气和雨水渗透等）、用料、颜色、玻璃、五金配件等的设计要求。

**门窗表**　　　　表 2-4

| 类别 | 编号 | 洞口尺寸（mm） | | 樘数 | 采用标准图集及编号 | | 备注 |
|---|---|---|---|---|---|---|---|
| | | 宽 | 高 | | 图集代号 | 编号 | |
| 门 | M1 | 1650 | 2400 | 1 | | | 全玻、木 |
| | M2 | 900 | 2100 | 8 | | | 木 |
| 窗 | C1 | 2400 | 1800 | 12 | | | 断桥铝 |
| | C2 | 1800 | 1800 | 8 | | | 断桥铝 |

注：采用非标准图集的门窗应绘制门窗立面图及开启方式。

(7) 幕墙工程（玻璃、金属、石材等）及特殊的屋面工程（金属、玻璃、膜结构等）的性能及制作要求，预埋件设置及防火、安全、隔声、构造等说明。

(8) 电梯（自动扶梯）选择及性能说明（功能、载重量、速度、停站数、提升高度等）。

(9) 墙体及楼板预留孔洞的封堵方式说明。

(10) 其他需要说明的问题。

2. 建筑专业施工图设计阶段的图纸

建筑专业施工图设计阶段的图纸由总平面图、平面图、立面图和剖面图、详图等组成。图纸深度比方案设计或初步设计阶段增加了以下内容：

（1）总平面图

1）场地四邻原有及规划道路的位置（坐标或相互关系尺寸），以及场地内道路宽度、道路中心线的标高、定位；

2）待建建筑物、构筑物的位置（坐标或相互关系尺寸）、层数（用数字或圆点的数量表示）、出入口、室内外标高（相对、绝对标高）等；

3）场地内广场、停车场、绿化用地的位置与标高；

4）指北针或风玫瑰图；

5）注明施工图设计的依据、尺寸单位、比例、坐标及高程系统（如为场地坐标网时，应注明与测量坐标的相互关系）、补充图例、技术经济指标等。

（2）平面图（图2-10a）

1）在初步设计的基础上，尺寸标注更加详尽，进一步标出墙厚、壁柱、建筑构配件、一应洞口等定位尺寸，标注出详图索引。

2）表示建筑平面防火分区和防火分区分隔位置及面积，宜单独成图。

（3）立面图

在立面图的两端、展开立面的转折、凸凹部位及高低变化处加注轴线编号；标注出立面各部位的外檐材料和装修编号（图2-10b）。

（4）剖面图

1）标出承重墙、柱的轴线号和轴线间的尺寸、详图索引（图2-10c）。

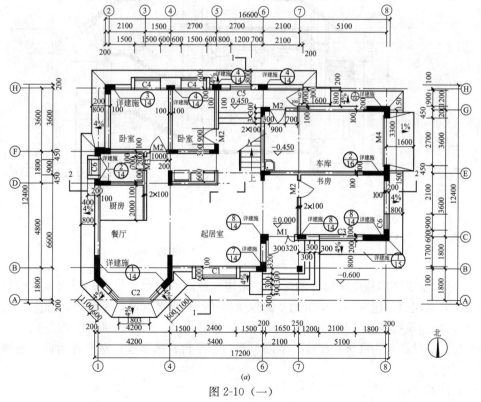

图 2-10（一）

（a）首层平面图 1∶50

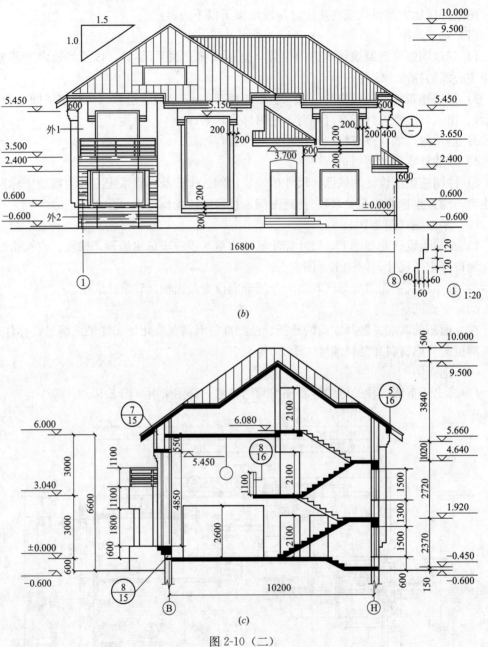

图 2-10（二）

(b) ①—⑧立面图 1：50；(c) 1—1 剖面图 1：50

2）标出主要结构和建筑构件的标高，如楼、地面；平台、吊顶、屋面板、檐口、女儿墙顶、高出屋面的建筑物、构筑物及其他屋面特殊构件等标高，室外地面标高。

3）标出建筑物各部的高度尺寸，包括门窗洞口高度、层间高度、室内外高差、女儿墙高度、总高度；地沟（坑）深度、隔断、洞口、平台、吊顶等；室内外地面、各楼层的标高和尺寸。

（5）建筑详图

施工图常用的比例为 1：100，即使采用 1：50 比例绘制的平、立、剖面图，也无法表达出建筑细部的尺寸或工程做法。给施工带来诸多困难，更会造成工程隐患。因此需放大比例将平、立、剖面图中的一些节点做法绘制出来，作为施工依据如图 2-11 所示。

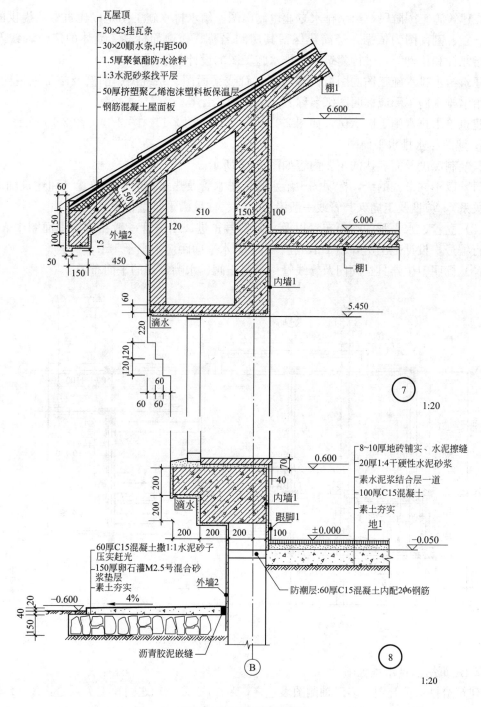

图 2-11  建筑详图示例

图中：⑦、⑧为剖面节点详图，节点详图中的构造做法可直接用文字标注，也可标以工程做法编号（如地 1、墙 2、屋 1 等），再从工程做法表中查出做法。

# 2.4　建筑给水排水施工图简介

在建筑施工图阶段，给水排水专业也需出图。给水排水施工图是以建筑专业提供的建筑平、立、剖面图为依据，经简化保留其房间名称、楼地面标高、墙体的定位轴线及编号、指北针和比例等，进行建筑给水排水施工图的设计与绘制。

建筑给水排水施工图的图纸内容包括：管线平面图、系统图、图例及施工图说明等。建筑给水排水施工图应标明图纸名称、比例、指北针等。

建筑给水排水施工图示例，如图2-12、图2-13、图2-14、图2-15、图2-16所示。

1. 建筑给水排水平面图

其绘制深度及需表达的主要内容如图2-12所示。

(1) 以不同形式的线，标明图中给水管、排水管及热水管的平面位置（和建筑轴线的定位关系），坡度及走向（其管线一般沿墙、梁、柱呈横平竖直布置）；

(2) 立管、水平管的平面布置以及立管编号；进、出户管一般在首层平面图中表示，并进行编号，设计范围出外墙1m，进、出户管水平净距应不小于1m；

(3) 标明卫生器具、阀门及管线管件（截止阀、水嘴等）的平面布置。

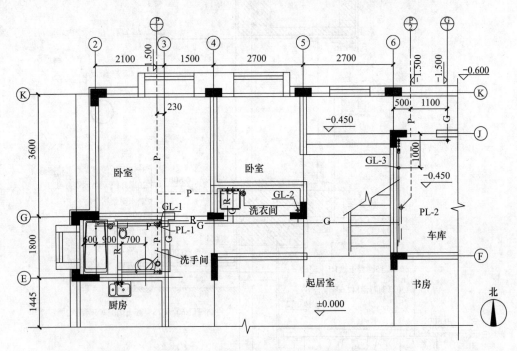

图2-12　建筑给水排水首层平面图

2. 建筑给水排水系统图

建筑给排水系统图，多以轴测图表达之，$X$、$Y$、$Z$三轴之间角度关系是：$X$、$Y$轴之间的角度（$\angle XOY$）为45°；$X$、$Z$轴之间的角度（$\angle XOZ$）为90°。$X$、$Y$、$Z$三轴之间的轴向比例皆为1∶1。例如实际长度为1m的管线，在1∶100图中的3个轴向，分别量取10mm表达之。

轴测图中的斜向管线的绘制步骤是，首先在管线平面图中将 EACD 管线，分别延长 EA、DC 相交于 B 点，然后在轴测图上按比例截取 ba＝BA、bc＝BC，连接 ac 即为 AC 斜向管线的轴测图（图 2-13）。

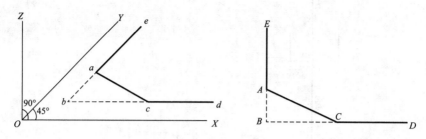

图 2-13　斜向管线轴测图的绘制

（1）给水系统图需表达的主要内容如图 2-14 所示。

1）图中应清晰地表达出：进户管的编号、进口位置及穿外墙处的标高；

2）标明立管管径、编号和相应管件图例和各楼地层位置及标高等；

3）标明各层横管管径、标高及应管件、器具图例和必要的文字说明等。

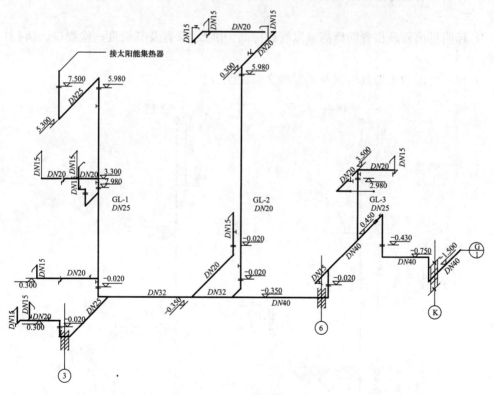

图 2-14　给水系统图 1：50

（2）热水系统图需表达的主要内容如图 2-15 所示。

1）立管上标出管径、编号及各层楼面的标高；

2）标明各层横管管径、标高（简单的热水可不必标注由现场确定）、排气坡度、走向、相应管件的设置及必要的文字说明等。

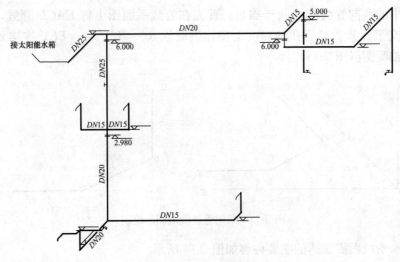

图 2-15　热水系统图

（3）排水系统图需表达的主要内容如图 2-16 所示。

1）标出立管上各层楼地面的标高、管径、编号及出屋面处的标高和排气铅丝网罩的高度；

2）标明排出管及横管的标高（以管底标高为准）、位置及其坡度；检查口、清扫口的位置；

3）标明各层用水器具位置及必要的文字说明等。

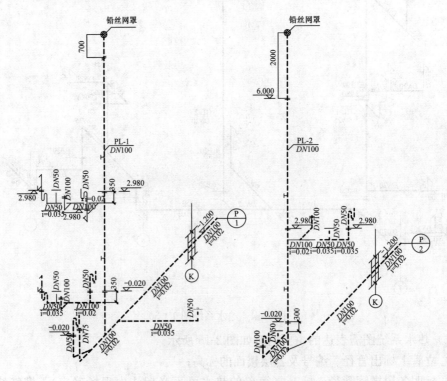

图 2-16　排水系统图

3. 图例

根据建筑给水排水施工图中涉及的管道、管件和用水设备绘制成图例，见表 2-5 所示。

**给水排水图例一览表** **表 2-5**

| 图例 | 图例名称 | 图例 | 图例名称 | 图例 | 图例名称 |
|---|---|---|---|---|---|
| —— G —— | 给水管 |  | 污水池 | 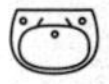 | 脸盆 |
| — — P — — | 污水管 |  | 地漏 | 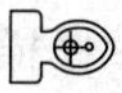 | 坐便 |
| —— R —— | 热水管 | 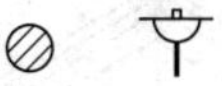 | 洗衣机地漏 | 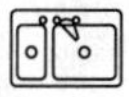 | 洗菜池 |
| 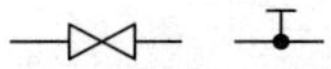 | 截止阀 | 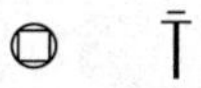 | 清扫口 | | |
| 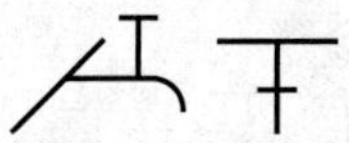 | 水嘴 | 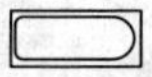 | 浴缸 | | |

4. 给水排水施工说明书

它主要阐明：工程概况、设计范围、设计依据、给水系统、热水系统、排水系统、消防系统等书面要求。

# 第3章 民用建筑构造

建筑物尽管其使用功能、外部造型千差万别，但其构造组成基本相同。主要由基础、墙或柱、楼地面、楼梯、屋顶、门窗等几部分组成（图 3-1）。

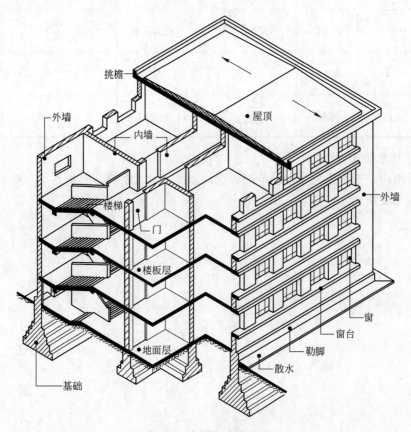

图 3-1 房屋的基本组成

从图中可以看到房屋各个组成部分的位置和名称。屋顶和外墙构成了整个房屋的外壳，以抵御风沙、雨雪的侵袭，使其冬能保温、夏能隔热，起到安全围护作用。

内墙起分隔空间的作用，按功能要求可将房屋的内部空间分隔出走道、厅堂及大小不一的房间。

楼板层起分隔上下楼层的作用。楼层间的竖向联系需设置楼梯、电梯、自动扶梯或坡道等。

为满足室内采光、通风的要求，在墙体或屋顶上设窗。

为满足各房间的既分隔又联系的要求，就要在墙上设门。

基础是将房屋荷载直接传递给地基的埋于地面以下的承重构件。

# 3.1 地基与基础

地基与基础对房屋的安全和使用年限占很重要的地位。如基础设计不慎，地基处理不当，可使建筑物下沉过多或出现不均匀沉降，引起墙身开裂，严重的可导致建筑物的倾斜或垮塌。因此，在设计前，必须对地基处的土质和地下水位进行详细探测，认真分析研究，科学设计，以免后患。

1. 地基与基础

基础是房屋埋在地面以下的承重构件，它承受房屋上部的全部荷载并传递到土层上。基础底面下承受压力的土层称为地基。

（1）地基

在作基础设计时，须先掌握当地土质的性质以及地下水的水质与水位。作为地基土，其单位面积所能承受基础传下来的荷载的能力，叫做地基的允许承载力，也称地耐力，以 $t/m^2$ 或 $kg/cm^2$ 来表示。

地基分为岩石类、碎石类、砂类、黏性土等多种。其允许承载力差别很大。就是同一种土质，由于它们的物理结构不同，其允许承载力也不同。硬质的岩石可达 $400t/m^2$ 以上，淤泥则低于 $10t/m^2$ 以下。

若地基允许承载力与基底压力不相适应时，则须设法加固地基。如基础下面仅局部为松软土层时，则可将该部分土挖去，换以砂、石屑等；若软弱土层较深时，则须做桩基。

在建筑工程的地基内有地下水存在时，地下水位的变化、侵蚀性等，对建筑工程的稳定性、施工及正常使用都有很大的影响，必须采取相应措施。

（2）基础

基础的底宽与其底面积有关，而基底面积的大小是由基础所承受的荷载和地基的承载能力来决定的。

$$P \leqslant R$$

式中　$P$——基底面积传递给地基的平均压力，$t/m^2$；

　　　$R$——地基允许承载力，$t/m^2$。

2. 基础的类型和材料

（1）按基础形式分

按基础形式分为独立式基础和联合基础。

1）独立式基础

独立式基础用于柱下，呈块状。其形式有阶梯形、锥形、杯形等（图3-2）。

2）联合基础

独立式基础在纵向、横向、纵横向或竖向延伸形成联合基础。根据结构计算联合基础设计成带形、十字梁、阀片、箱形等基础形式（图3-3）。

① 带形基础（图3-3*a*）又称条形基础。多用于砖石材质的承重墙下，呈条状。所用材料常与墙身相同。基础的最下部常采用灰土或三合土垫层。

② 十字梁基础（图3-3*b*），又称条块联合基础。为适应较软弱地基，常将独立基础纵横连接，以成条形或十字梁基础。

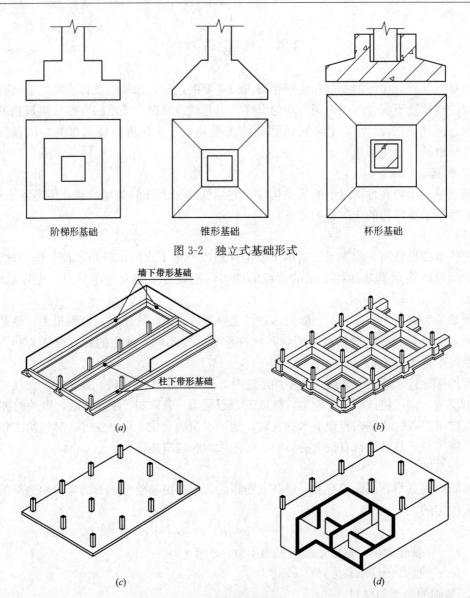

图 3-2　独立式基础形式

图 3-3　联合基础

（*a*）带形基础；（*b*）十字梁基础；（*c*）筏片基础；（*d*）箱形基础

③ 筏片基础（图 3-3*c*），又称满堂基础。当地基特别软而上部结构荷载又很大，联合基础仍不能满足设计要求时，就可将整个建筑物的基底设计成钢筋混凝土筏片基础。

④ 箱形基础（图 3-3*d*）。当筏片基础埋置较深，且建筑物设有地下室时，可考虑将地下室整体浇筑成箱体，形成箱形基础。

（2）按基础用材分

按基础用材分为砖基础、石材基础、混凝土基础、毛石混凝土基础、钢筋混凝土基础。

（3）根据材料的传力性能分

按材料的传力性能，基础分为刚性基础和柔性基础两种。其中使用耐压材料做成的砖基础、石材基础、混凝土基础、毛石混凝土基础属于刚性基础；钢筋混凝土基础则属于柔性基础。

1）刚性基础（图 3-4）

以材料的刚性角（$\alpha$）来控制基础宽度的基础称为刚性基础。刚性基础的传力按照材料的刚性角范围内传递，如图 3-4 所示。为充分发挥、利用材料的耐压性能，刚性基础仅适用于荷载较小、地基承载力较好的建筑。刚性基础的断面形式与刚性角 $\alpha$ 有关，刚性角常以基础挑出部分的宽度 $b$ 与其高度 $h$ 的比值表示（表 3-1）。

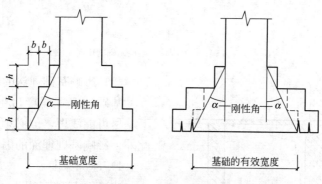

图 3-4　刚性基础

**刚性基础台阶高宽比的允许值**　　　　表 3-1

| 基础类型 | 材料及质量要求 | | 台阶高宽比的允许值 | | |
|---|---|---|---|---|---|
| | | | $P \leqslant 10$ | $10 < P \leqslant 20$ | $20 < P \leqslant 30$ |
| 混凝土基础 | C10 混凝土 C7.5 混凝土 | | 1:1.0 1:1.0 | 1:1.0 1:1.25 | 1:1.25 1:1.25 |
| 砖砌基础 | 砖不低于 MU7.5 | M5 砂浆 | 1:1.5 | 1:1.5 | 1:1.5 |
| | | M2.5 砂浆 | 1:1.5 | 1:1.5 | |
| 三合土基础 | 体积比 1:2:4～1:3:6 （石灰、砂、骨料） | | 1:1.5 | 1:2.0 | |
| 灰土基础 | 体积比 3:7 或 2:8 | | 1:1.25 | 1:1.5 | |
| 毛石基础 | M2.5～M5 砂浆 | | 1:1.25 | 1:1.5 | |
| | M1 砂浆 | | 1:1.5 | | |
| 毛石混凝土基础 | C7.5～C10 混凝土 | | 1:1.0 | 1:1.25 | 1:1.50 |

注：1. $P$——基础底面处的平均压强，$t/m^2$；

2. 阶梯形毛石基础的每阶伸出长度不宜大于 200cm。

2）柔性基础（图 3-5$a$、$b$）

用钢筋混凝土为材料的基础称柔性基础。它不仅能承受较大的压力而且还能承受较大的拉力，适用于荷载较大、地基承载力较差的建筑。

在基础宽度和设计要求相同的条件下，柔性基础比刚性基础的断面小 1/3 ［图 3-5（$b$）］，由此可见柔性基础比刚性基础省材料，减少了对地基的压力。

3. 基础的埋深（图 3-6）

（1）由室外设计地坪到基础底面的距离称为基础埋置深度。

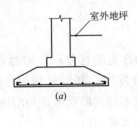
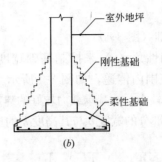

图 3-5

(a) 柔性基础；(b) 刚性、柔性基础的用料比较

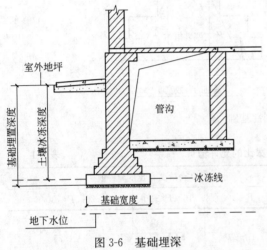

图 3-6 基础埋深

(2) 影响基础埋深的因素

基础的埋置深度，在保证安全的前提下，尽可能浅埋，但必须埋在腐殖土以下。此外，影响基础埋深的因素是多方面的。

1) 冰冻深度

冰冻对基础有很大的影响，地基土冻结后因土中含水，就会发生膨胀，将基础拱起，解冻后再行落下，这样周而复始，导致房屋墙体开裂、垮塌。因此基础底面必须埋置在冰冻线以下，一般为 200mm。

2) 地下水位

地下水位对基础埋深也有很大的影响，地基土的承载力与其含水率大小有直接的关系，地下水位的上下波动，地基的承载力也随之变化，就会扰动基础，引起上部结构的破坏。因此，基础埋深最好选择在最高地下水位以上。否则，应采取相应的技术措施。

3) 地基的地质构造

基础下面的土层因土质结构不同，其承载能力也会有较大的差异。因此基础应埋置在承载力较高的地层上。

# 3.2 地 下 室

房间地面低于室外设计地面的平均高度大于该房间平均净高 1/2 者称为地下室；若大于 1/3 且不大于 1/2 者称为半地下室。

地下室、半地下室的侧墙和底板处于地面以下，长期受地下水和潮气的侵蚀。因此，防水、防潮在地下室工程设计中，其构造做法就成了重要问题。

根据地下室地面设置在地下水位的上、下来决定采用防潮或防水措施。当地下室地面埋设在地下最高水位以上时，地下室不会受地下水的侵入，就只做防潮处理；否则就要做防水处理。

地下室防潮、防水的基本方法有：设置防潮、防水层法；降、排水法。

防潮、防水层法：利用材料的不透水性，阻止湿气或地下水透过侧墙和底板进入地下室。

降、排水法：用人工方法排出地下水，使地下水位降低，减少压力水对地下室的入侵。此做法需要设置一些引水、抽水设备，建成后还要经常管理和维修。

1. 地下室防潮做法

在地下室的外墙外侧设置防潮层，其做法是：先在外墙外侧抹水泥砂浆（高于散水300mm 以上），然后涂刷防水材料（冷底子油一道，热沥青两道至散水）再在其外侧回填隔水层（图 3-7a）。

2. 地下室防水做法

地下室防水做法有三种，分别是外防水、内防水和墙体自防水。

（1）外防水就是将防水层设在地下室外墙的外侧（图 3-7b），防水效果好但维修困难；

（2）内防水是将防水层设在地下室外墙的内侧（图 3-7c），施工方便，好维修，但防水效果较差；

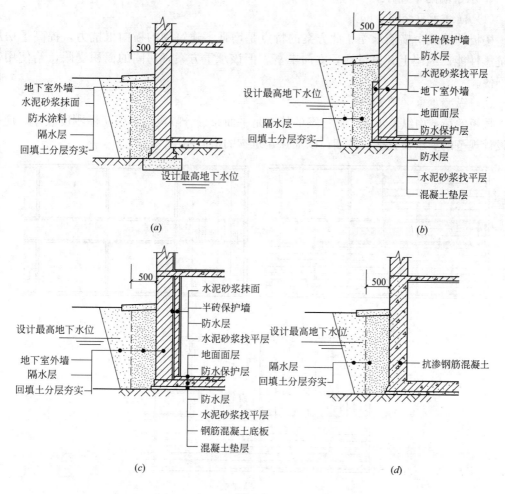

图 3-7

（a）地下室防潮做法；（b）地下室外防水做法；（c）地下室内防水做法；（d）地下室自防水做法

（3）墙体自防水是优化混凝土骨料级配，加强混凝土的密实性，再掺入适量的外加剂以提高混凝土的抗渗性能，达到防水的目的（图 3-7d）。

# 3.3　墙

墙是建筑物的主要组成部分。根据墙体的所在位置分为内墙、外墙；根据墙体的受力状态分为承重墙、非承重墙；根据墙体的用料又分为土墙、砌石墙、砖墙、砌块墙、混凝土墙、钢筋混凝土墙和各类幕墙等。

内墙的主要功能是分隔空间，要求有重量轻、厚度薄和良好的隔声性能。

外墙直接接触室外，它起着房屋的外围护作用。要求它有良好的隔声、保温隔热、防水耐潮和耐冲击的性能。

承重墙承担屋顶和楼板传递下来的荷载，要求它有良好的抗压性能。

非承重墙仅承担墙体自身的荷载，不承担屋顶和楼板的荷载。

1. 承重墙的布置方式

（1）横墙承重（图 3-8a）

楼板的荷载由横墙承受。此方案的特点是增强了建筑物的横向抵抗力，提高了房屋的抗震性能。纵墙上开窗灵活，立面丰富。但该承重方案，房间的面积受限，给使用带来不便。

（2）纵墙承重（图 3-8b）

楼板的荷载由纵墙承受。此方案的特点是平面布置分隔灵活，但房屋刚度较差，应根据设计规范的要求设置横向拉墙，以加强建筑物的横向刚度。

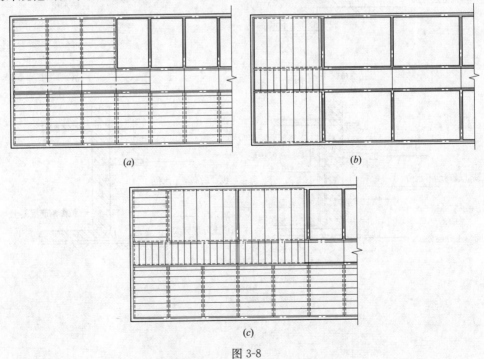

图 3-8

（a）横墙承重；（b）纵墙承重；（c）纵横墙混合承重

（3）纵横墙混合承重（图 3-8c）

楼板的荷载分别由纵、横墙承受。此方案的特点是平面布置分隔比较灵活，建筑物的刚度较大，但预制楼板构件的类型较多。

2. 墙体构造

（1）外墙构造

块材墙是用预制的块材砌筑而成的墙体，如砖墙、砌块等。

1）砖墙

砖墙的基本尺寸按国家统一标准规定是 53mm×115mm×240mm（厚×宽×长）。砖墙的厚度是由砖的尺寸决定的，有半砖（一二墙）墙、一砖墙（二四墙）、一砖半墙（三六墙）、二砖墙（四八墙）等（图 3-9）。

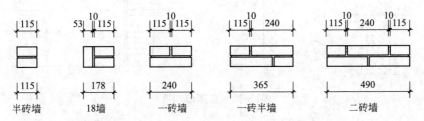

图 3-9 墙厚与砖尺寸关系（单位：mm）

2）砌块墙

由于普通黏土砖的烧制，破坏了大量的土地资源，尤其是耕地，耕地在我国是很匮乏的。因此，以砌块替代黏土砖是墙体改革的一大出路。砌块外墙的通常工程做法见表 3-2。

砌块外墙的通常工程做法　　　　　　　　　　　　　　表 3-2

| 基层墙体① | 保温隔热层和固定方式② | 保护层③ | 饰面层④ | 构造示意图 |
|---|---|---|---|---|
| 承重混凝土空心砌块<br>炉渣混凝土空心砌块<br>加气混凝土砌块 | 岩棉或聚苯板（用锚栓或用锚筋固定），抹保温灰等做法 | 钢丝网或网格布一道，水泥砂浆、抗裂砂浆罩面 | 外墙涂料或贴面砖 | ① ②③④ |

（2）隔墙构造

1）块材隔墙

① 砖隔墙　砖隔墙为减轻其自重并少占房间面积，多采用单砖墙（120mm 厚）或 1/4 砖墙（60mm 厚，多用于面积小、无洞口的洗手间、厨房等隔墙）。为了隔墙的稳固，其高度控制在 3m 以下，宽度控制在 5m 以内。若需加高或加宽，应采取加固措施。一般在隔墙与其他墙体或柱子的交界处预埋两根 $\phi4\sim\phi6$ 锚拉钢筋，其竖向间距 500mm 左右。每隔 10～15 皮砖砌入 $\phi6$ 钢筋两根，两端要深入承重墙体（图 3-10）。隔墙上部与楼板交接处，有两种做法，如图 3-10 上部所示，左侧为"斜砌砖挤紧"，右侧为"竹木楔挤紧"。

② 砌块隔墙　常用的砌块有加气混凝土砌块、粉煤灰硅酸盐砌块、空心砖等。其加固措施与砖隔墙类似，如图 3-11 所示。

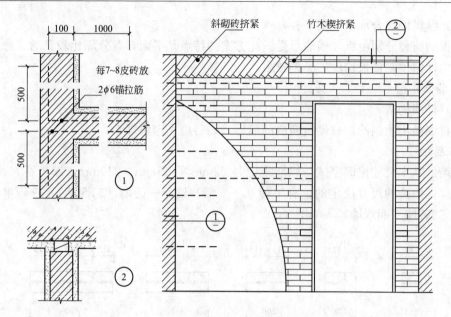

图 3-10　砖隔墙构造

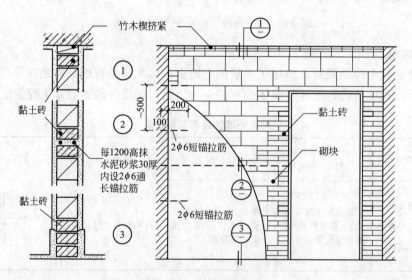

图 3-11　砌块隔墙构造

2) 轻骨架隔墙

轻骨架隔墙由骨架及墙面材料两部分组成。骨架有木骨架、金属骨架（轻钢龙骨、双层钢筋网骨架等）。墙面材料有板条抹灰、纸面石膏板、高压水泥板、钢板网抹灰及多种人造板材面层。

① 板条抹灰隔墙　此种隔墙有自重轻、厚度薄、易拆装等优点，但防水、防潮、防火、防虫、隔声等性能均较差。其构造做法如图 3-12 所示。

木骨架由上槛、下槛、立筋、斜撑等组成。其断面一般为(40～50)×(70～100)mm，立筋的间距 400～600mm，斜撑间距 1.2m 左右。木骨架两侧钉木板条，板条间留约 10mm 宽的缝隙，在其上抹灰。

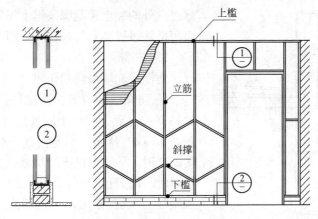

图 3-12　板条抹灰隔墙构造

② 金属骨架隔墙　这种隔墙的骨架用薄壁金属型材做龙骨，它具有自重轻、强度大、整体性好、防火、防潮等优点。隔墙的骨架构造及各部名称，基本和木骨架相同，有上槛、下槛、立筋、横撑等。立筋的间距一般为 400～600mm，具体视隔墙面层板材的规格尺寸而定（图 3-13）。

为提高隔声性能，可在两侧板材间填充松散、多孔材料，如岩棉等。

3）无骨架板材隔墙

此种隔墙采用高度能满足房间净高要求的条板，不做骨架，直接装配成隔墙（图 3-14）。

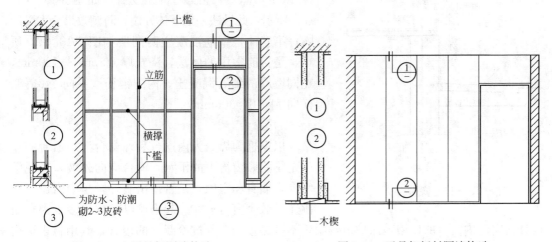

图 3-13　金属骨架隔墙构造　　　　图 3-14　无骨架板材隔墙构造

常用的条板有碳化石灰空心板、多孔石膏板、加气混凝土板、水泥刨花板等。条板厚度一般为 60～100mm，宽度为 600～1000mm，长度应略小于设置隔墙处房间的净高。安装时，条板下端用木楔顶紧。

（3）外檐构造

外檐的基本断面如图 3-15 所示，它由勒脚、防潮层、墙体、窗台、过梁、圈梁等组成。

1）勒脚

勒脚指基础顶面到室内外地坪之间这一段墙体。勒脚易受地表水的侵蚀和外力撞击，多将该处墙体加厚或采用抗潮耐碱、坚固耐久的材料，如天然石材、混凝土等。也可将暴

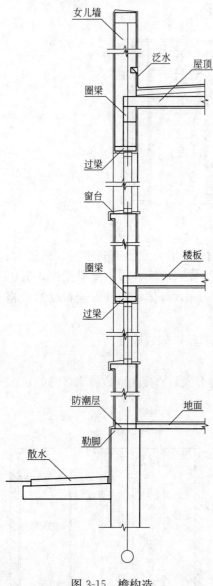

图 3-15 檐构造

露在室外的黏土砖勒脚采用水泥砂浆抹面或块材贴面等措施以提高其耐久程度（图 3-16）。

2）防潮层

防潮层起墙身防潮作用。

① 防潮层的位置：防潮层的位置与地面垫层材料有关，至少应高于室外地坪 150mm 以上，如图 3-17（a）所示。当室内地面垫层为不透水的密实材料时，防潮层设于垫层处；当地面垫层为透水材料时，防潮层设于高于地面 60mm 的踢脚板处，如图 3-17（b）所示；当内墙体两侧地面有高差时则应在墙身中设置高低不一的两道防潮层，并应在回填土一侧设垂直防潮层，如图 3-17（c）所示。

② 防潮层的做法有三种：第一种为油毡防潮层，是在 1∶3 水泥砂浆找平层上，干铺油毡一层或做一毡二油，如图 3-18（a）所示，此做法防潮效果较好，但耐久性差，破坏了墙体的整体性，不利于建筑抗震；第二种是防水水泥砂浆防潮层，用 1∶2 水泥砂浆并掺入 3%～5%（按水泥质量比）防水剂，抹 20mm 厚，或连续砌筑三皮砖，如图 3-18（b）、（c）所示，此做法一旦墙体开裂，防潮效果会大受影响；第三种是钢筋混凝土防潮层如图 3-18（d）所示，是目前常用的做法，浇筑厚 60mm 或 120mm，宽同墙厚的细石混凝土，内配钢筋（纵向 $3\phi6\sim8$、横向 $\phi4$ 中距 300mm）。

3）窗台

以窗框为界分为内窗台和外窗台。外窗台的作用是排除顺窗流下的雨水，窗台应向外坡，避免雨水渗入墙身和室内，是否挑出墙外，是单窗窗口出挑还是数个窗台连在一起出挑以及挑出多少由立面设计而定；内窗台的作用是保护窗台阳角不被碰损和台面抗冷凝水的侵害，其用材多选用强度高、耐擦拭的天然石、人造石、水泥砂浆或木材等，如图 3-19 所示。

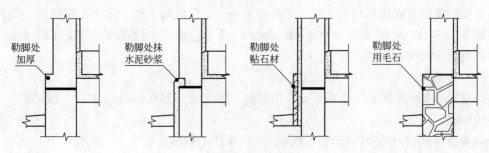

图 3-16 勒脚

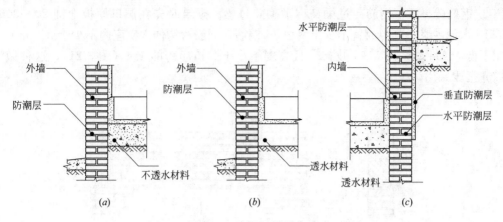

图 3-17　防潮层设置位置

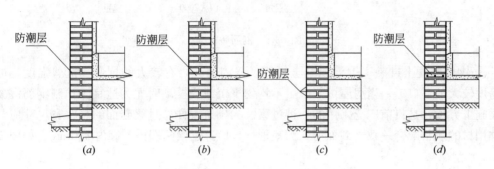

图 3-18　防潮层做法

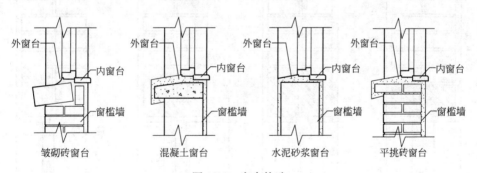

图 3-19　窗台构造

4）过梁

设于门窗洞口上的承重构件称过梁。

过梁设置在门窗洞口上，用以支承洞口上的荷载。常用的有砖拱过梁、钢筋砖过梁、钢筋混凝土过梁。

① 砖砌平拱　一般用于洞口宽＜1200mm，地基无不均匀沉降的清水外墙的小型民用建筑中。随着黏土砖的限用和抗震要求的提高，此做法当前已很少被采用（图 3-20）。

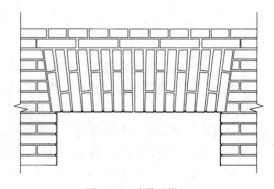

图 3-20　砖拱过梁

53

② 钢筋砖过梁　钢筋砖过梁又称平砌砖过梁。砌筑时先在洞口模板上铺 20～30mm 厚 M10 水泥砂浆，其中放置不少于两根 φ6 钢筋，钢筋弯钩伸入支座内不少于 240mm。上面用不低于 M5 砂浆砌 5～7 皮砖，且高度不小于洞口净跨的 1/4（图 3-21）。这种做法，当前亦很少采用。

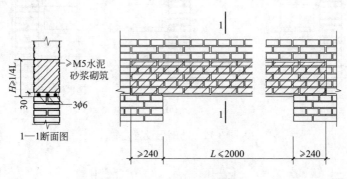

图 3-21　钢筋砖过梁

③ 钢筋混凝土过梁　钢筋混凝土过梁，坚固耐久，有较大的抗弯、抗剪强度，可用在跨度较大的洞口上。当房屋可能产生不均匀下沉或受振动时尤为适宜。预制钢筋混凝土过梁施工方便，是目前广泛采用的一种过梁。为砌筑方便，过梁断面的高、宽尺寸应与墙砌体用材的规格配合一致。截面形式为矩形、L 形。过梁两端搭入墙内 240mm，如图 3-22 所示。

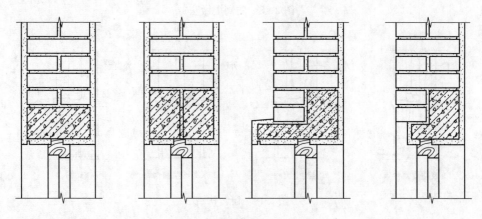

图 3-22　钢筋混凝土过梁

5）圈梁

圈梁起加强房屋整体刚度的作用，沿建筑物外墙和部分内墙，连续并封闭地设置。圈梁的数量应根据建筑物的高度、层数、墙的厚度、地基情况和抗震要求等条件确定。圈梁一般设在房屋的檐口、窗顶、楼层或基础顶面处，沿砌体墙水平方向设置。

当屋盖或楼板采用预制板时，圈梁顶标高就是板底标高；当采用现浇板时，圈梁的顶标高同屋盖或楼板顶标高，圈梁和现浇板浇筑在一起。

民用房屋，且层数为 3～4 层时，应在檐口标高处设置圈梁一道。当层数超过 4 层时，应在所有纵横墙上隔层设置。

单层建筑，当檐口高度在 5～8m 时，可仅在檐口处设圈梁一道。高于 8m 时，应增设圈梁。若为砌块或块石砌体时，檐高 4～5m 可仅在檐口处设圈梁一道，大于 5m 应增设圈梁。

当遇墙体洞口不得不打断圈梁时，需附加圈梁，如图 3-23 所示。

圈梁常见的做法有钢筋砖圈梁和现浇钢筋混凝土圈梁（图 3-24）。

6）变形缝

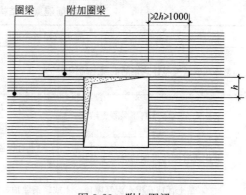

图 3-23 附加圈梁

当建筑物的长度较大，或建筑平面有瓶颈，部分建筑高度、房间的使用荷载相差较大，或地基的土质有变化的地段，受温度变化和地震等因素的影响，会引发建筑物基础的不均匀沉降，墙体不规则开裂，甚至导致房屋的垮塌。为避免这类事故的发生，在建筑物的设计中，于相应部位预留竖向缝隙，将建筑物从上到下分成两个或多个独立体，这种缝就叫变形缝。

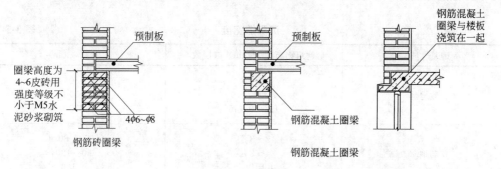

图 3-24 圈梁构造

变形缝分三种：伸缩缝、沉降缝、防震缝。

① 伸缩缝（又称温度缝）：防止温度变化引起房屋破坏所设的变形缝称伸缩缝。伸缩缝的宽度为 20～30mm。

热胀冷缩会引起长度较大房屋的楼地面、屋顶墙体的变形与撕裂。因此，设计规范对不同结构类型的建筑设缝间距作了明确规定（表 3-3、表 3-4）。伸缩缝仅设置在基础以上的全部墙体结构、楼地层和屋盖上。

墙体伸缩缝的最大间距（m）                                    表 3-3

| 结构类型 | | 室内或土中 | 露天 |
| --- | --- | --- | --- |
| 排架结构 | 装配式 | 100 | 70 |
| 框架结构 | 装配式 | 75 | 50 |
| | 现浇式 | 55 | 35 |
| 剪力墙结构 | 装配式 | 65 | 40 |
| | 现浇式 | 45 | 30 |
| 挡土墙、地下室墙体结构 | 装配式 | 40 | 30 |
| | 现浇式 | 30 | 20 |

钢筋混凝土结构伸缩缝的最大间距（m）　　　　　　表 3-4

| 屋顶或楼板类别 | | 间距 |
|---|---|---|
| 整体式或装配整体式钢筋混凝土结构 | 有保温层或隔热层的屋顶、楼层 | 60 |
| | 无保温层或隔热层的屋顶 | 40 |
| 装配式无檩体系钢筋混凝土结构 | 有保温层或隔热层的屋顶、楼层 | 60 |
| | 无保温层或隔热层的屋顶 | 50 |
| 装配式有檩体系钢筋混凝土结构 | 有保温层或隔热层的屋顶、楼层 | 75 |
| | 无保温层或隔热层的屋顶 | 60 |
| 黏土瓦或石棉水泥瓦屋顶、木或轻钢屋顶及楼层、砖石屋顶或楼层 | | 100 |

② 沉降缝：防止沉降不均引起房屋破坏所设的变形缝称沉降缝。

当房屋相邻部分的高度、荷载和结构形式不同，地基承载力又较弱或有较大差异的情况下，建筑物会发生沉降不均，引起房屋的楼地面、墙体的变形与撕裂。为此，根据地基情况、房屋高度的不同，设置不同宽度沉降缝，见表 3-5。

沉降缝宽度　　　　　　表 3-5

| 地基性质 | 建筑物高度 $H$（m）或层数 | 缝宽（mm） |
|---|---|---|
| 一般地基 | $H<5$<br>$H=5\sim10$<br>$H=10\sim15$ | 30<br>50<br>70 |
| 软弱地基 | 2～3 层<br>4～5 层<br>6 层以上 | 50～80<br>80～120<br>>120 |
| 湿陷性黄土 | | ≥30～70 |

③ 防震缝：防止地震力作用下，引起房屋破坏所设的变形缝称防震缝。防震缝设在基础以上，可和伸缩缝、沉降缝一并考虑，如有条件最好将三缝合一。防震缝的宽度与建筑物高度、抗震设防烈度、结构类型等有关，见表 3-6。

防震缝宽度　　　　　　表 3-6

| 结构类型 | 建筑高度 $H$（m） | 抗震烈度 | 缝宽（mm） |
|---|---|---|---|
| 砖混结构 | $H\leqslant15$ 的多层建筑 | 6 度设防 | 缝宽 70 |
| 钢筋混凝土框架结构 | $H\leqslant15$ 的多层建筑 | 6 度设防 | 缝宽 70 |
| | $H>15$ 的多层建筑<br>每增加 4 | 7 度设防 | 缝宽 70<br>缝宽增加 20 |
| | $H>15$ 的多层建筑<br>每增加 3 | 8 度设防 | 缝宽 70<br>缝宽增加 20 |
| | $H>15$ 的多层建筑<br>每增加 2 | 9 度设防 | 缝宽 70<br>缝宽增加 20 |

④ 变形缝构造做法如图 3-25～图 3-27 所示。

纵横墙基础交接处,当横墙基础不能偏心受压时,沉降缝做法如图 3-27 所示。其间距 $h$ 值应通过结构计算来确定。

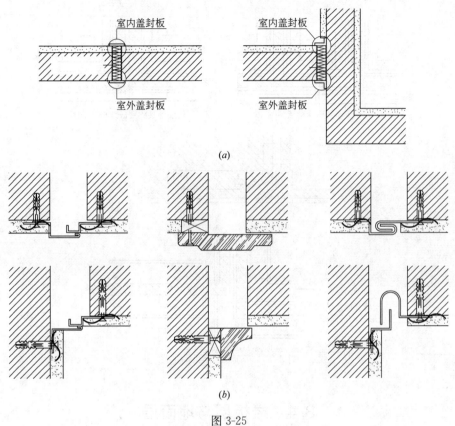

图 3-25

(*a*) 变形缝平面构造;(*b*) 变形缝盖板构造

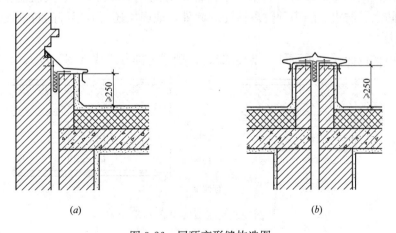

图 3-26 屋顶变形缝构造图

(*a*) 不等高屋面变形缝构造做法;(*b*) 等高屋面变形缝构造做法

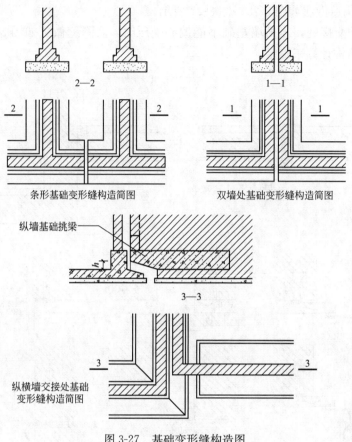

图 3-27　基础变形缝构造图

# 3.4　楼板层与地面层

楼板层是分隔建筑物上下空间的水平承重构件，要求它不仅有足够的强度，还要有足够的刚度（指楼板承受荷载后，其中向下弯曲最大的变形限度），给人以安全感。并要求其有良好的防水、防火、隔声的物理性能。此外，地面层还要有很好的防潮性能。

1. 楼板层

楼板层由楼板面层、承重层（结构层）、顶棚层三部分组成（图 3-28）。

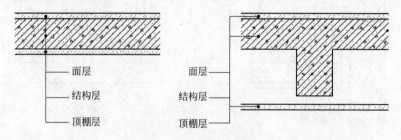

图 3-28　楼板层构造简图

（1）面层

楼板层的面层是人们日常生活、工作和生产活动直接接触的部位。要求它具备坚固、耐磨、不起尘、防火、防虫蛀、光洁平整、易清洗等性能。对特殊的房间还要能满足防静电、耐腐蚀等要求。

面层的名称常以面层材料命名，如水泥砂浆地面、水磨石地面、木地面等。

面层按其使用材料和施工方法的不同一般分为整体地面、块材地面、木地面、地板革和地毯等地面。

1）整体面层：有水泥砂浆地面、细石混凝土地面、现浇水磨石地面等。其中水泥砂浆地面施工简便，造价较低，一般建筑中常被采用。

2）块材面层：有多种规格的陶质、磁质的地砖、预制水磨石、磨光大理石、花岗岩、复合木地板等地面。

（2）结构层

楼板层的结构层按构成材料可分为木楼层、钢楼层及钢筋混凝土楼层。目前木楼层和钢楼层较少应用。钢筋混凝土楼层，不仅有较好的强度和刚度，而且还有耐久、防水、不燃烧等优点，所以目前被广泛用于楼板层。其缺点是自重大，每立方米达 2400～2500kg。

本节仅重点介绍钢筋混凝土楼板层的构造做法。

1）现浇钢筋混凝土楼板

楼板一般由梁、板构成；较大的房间由主梁、次梁、楼板构成（图 3-29）。

主梁高度是跨度的 1/15～1/10，跨度一般为 5～8m。次梁高度一般是其跨度的 1/20，跨度一般为 3～6m，次梁间距为 1.5～2.5m。主、次梁断面梁宽是梁高的 1/2～1/3。

在跨度较大房间近乎方形（长短边比小于 1.5 的矩形房间），可采用主次梁等高的井字梁楼板，也称井字梁楼盖（图 3-30）。梁高是短边的 1/18。

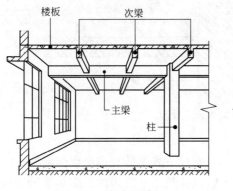 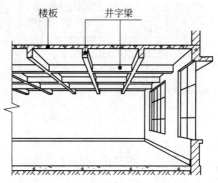

图 3-29　主次梁楼板　　　　　　图 3-30　井字梁楼板

房间要求楼板下平整而又不做吊顶，可取消主次梁，直接将楼板搁置在柱子上，这种楼板称做无梁楼板或无梁楼盖。为降低楼板在柱顶处的剪力，常在柱顶设柱帽（图 3-31）。

房间较小时，可由墙体代替主梁，乃至次梁。楼板的荷载直接传到墙体上，板底平整，模板简单。楼板厚 60～100mm。

2）预制装配式钢筋混凝土楼板

预制装配式钢筋混凝土楼板类型，有圆孔板、槽型板、实心平板。它们是在工厂生产的，也可在现场预制加工。采用这种楼板可减少工期和模板消耗，但易产生裂缝，在穿管较多的房间（如厨房、洗手间等）不宜采用。预制装配式钢筋混凝土楼板的整体刚度比现浇钢筋混凝土楼板差。为提高房屋的抗震性能，在多震地区目前已较少使用，即使采用也

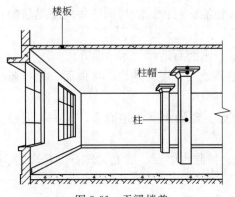

图 3-31　无梁楼盖

要在板端连接部位采取加固措施。

预制板在梁上搁置应不小于 75mm。为避免预制圆孔板在支座处被压坏，需将板端的圆孔用砖、砂浆或混凝土填实。预制板的尺寸和轴线的定位关系和搁置方式如图 3-32 所示。

预制板在排板时，由于预制板是定型生产的，规格种类不会太多，往往会出现不足放一块板的板缝，处理方法如图 3-33 所示。

3）装配整体式钢筋混凝土楼板

这是一种预制装配与现浇相结合的楼板类型，如密肋空心砖楼板、预制小梁现浇楼板等。其优点是自重轻、隔声效果较好。常用于中小型民用建筑中。

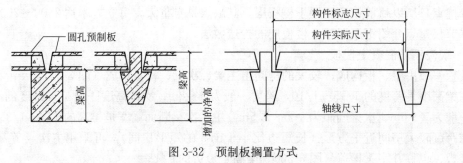

图 3-32　预制板搁置方式

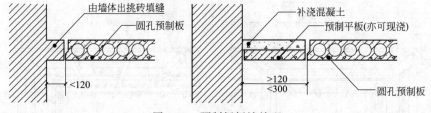

图 3-33　预制板板缝处理

（3）顶棚层

顶棚层的做法，按照房间的使用要求不同，有板下直接抹灰和吊顶棚两种。

直接抹灰顶棚，就是在钢筋混凝土梁板上直接抹灰。一般做法是钢筋混凝土梁板上先刷水泥浆一道，再用混合砂浆或水泥砂浆打底，然后刮腻子刷涂料。这种顶棚做法简单，造价低，常被采用。

当结构层底面不平整（有槽形板肋、主次梁或管线等），而房间使用又要求顶棚平整不见管线，这就需要做吊顶棚。吊顶棚的基本做法是，在钢筋混凝土楼板浇筑时预埋吊筋或焊接吊筋的埋件，也可拆模后在吊筋部位下胀管螺栓将吊筋焊于胀管上。吊筋固定主龙骨，次龙骨固定于主龙骨上，继而走线，最后封板、挖灯孔，刮腻子刷涂料。也可采用各种装饰面板。吊筋、主次龙骨的断面及间距视材料而定，其基本构造做法如图 3-34 所示。

2. 地面层（图 3-35）

首层地面层由面层、垫层、基层三部分组成。为提高防潮保温性能，在面层和垫层之间增加防潮层和保温层（如有防水要求，可增设防水层）。在该层中可敷设管径不大的管线。

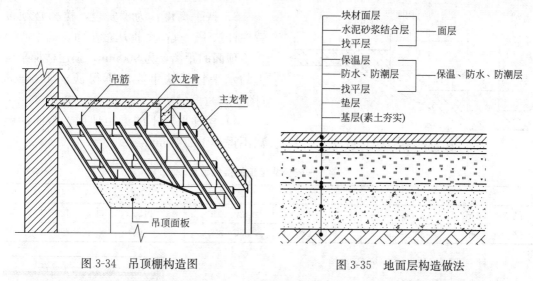

图 3-34 吊顶棚构造图

图 3-35 地面层构造做法

首层地面层面层做法同楼板层面层；垫层常采用混凝土材料，其强度等级、厚度根据使用荷载要求而定。

## 3.5 楼梯、散水、台阶与坡道

### 1. 楼梯

楼梯是楼层间的主要垂直交通设施，它的宽度、坡度和踏步级数都应满足人流通行、安全疏散和搬运家具、设备的要求与方便。楼梯的位置和数量取决于平面布置和疏散的要求。楼梯由楼梯平台（楼层平台、休息平台）、梯段、栏杆扶手组成（图 3-36）。

（1）楼梯尺寸

1）楼梯基本要求：楼梯平台的宽度应不小于梯段宽度；梯段宽度在满足消防疏散要求的前提下，还应满足搬运家具、设备的需要，居住建筑的梯段宽度一般为 1.10～1.30m，公共建筑为 1.40～2.00m，室外疏散梯的宽度一般不小于 0.90m。一般地一个梯段称一跑，一跑的踏步数不大于 18 步，不少于 3 步。

2）楼梯坡度及踏步尺寸：楼梯的坡度控制在 20°～45°之间，以 30°为宜，公共活动场所可适当放缓些。楼梯坡度取决于踏步（由踢面和踏面组成）的高（$h$）、宽（$b$）比（图 3-37），踏步高度常为 150～180mm，相对应的宽度为 300～250mm，高宽比的经验公式：$2h+b=600～620mm$。住宅和一般公建的楼梯坡度见表 3-7。

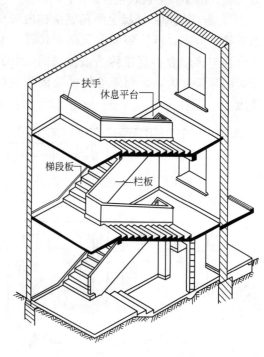

图 3-36 楼梯组成

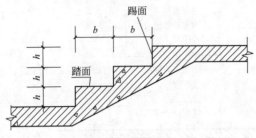

图 3-37 踏步尺寸

3）扶手高度：为了安全，楼梯必须设置栏杆扶手。其高度指从踏步面宽的中心至扶手顶面的距离，为 900mm，顶层楼梯平台上的水平栏杆扶手高度不得低于 1100mm（图 3-38）。

4）楼梯平台下的梁距地面、踏面的距离不得小于 2000mm。

住宅、一般公共建筑的楼梯坡度 表 3-7

| 名称 | 住宅 | 学校 | 影剧院 | 医院 | 幼儿园 |
|------|------|------|--------|------|--------|
| 踏步高（mm） | 150～175 | 140～160 | 120～150 | 150 | 120～150 |
| 踏步宽（mm） | 300～250 | 340～280 | 350～300 | 300 | 280～250 |

5）楼梯平台的宽度≥梯段宽度。

（2）楼梯的建筑形式

楼梯常见的形式有单跑楼梯、双跑楼梯、三跑楼梯、弧形楼梯等（图 3-39）。

（3）楼梯的结构形式

按楼梯的用材可分为木楼梯、钢楼梯、钢筋混凝土楼梯。钢筋混凝土楼梯有较好的强度和刚度，其耐久性、抗震性及防火性能均佳，目前被广泛采用。本教材仅介绍该种楼梯，其结构形式分为板式楼梯和梁板式楼梯。

1）板式楼梯：楼梯上的荷载由梯段板直接传给楼梯平台梁，再传到墙上（图 3-40a）；也可将平台板与梯段合一直接传给墙体（图 3-40b），由于板的跨长加大，须相应增加梯段板和平台板的厚度。

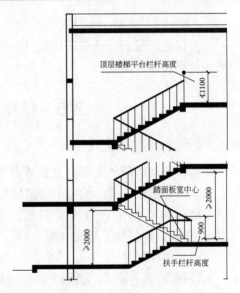

图 3-38 扶手高度

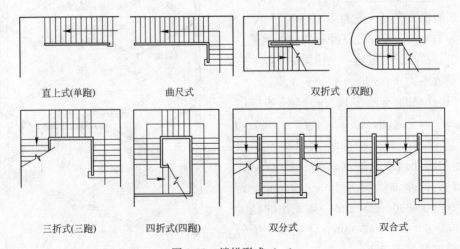

图 3-39 楼梯形式（一）

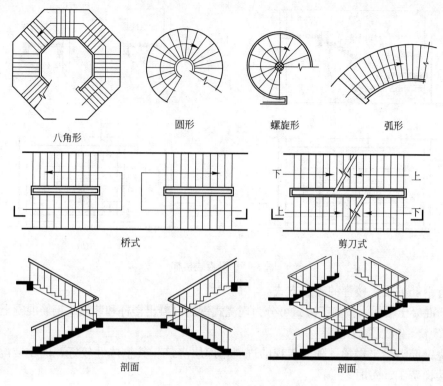

圆形　　　螺旋形　　　弧形

八角形

桥式　　　　　　　剪刀式

剖面　　　　　　　剖面

图 3-39　楼梯形式（二）

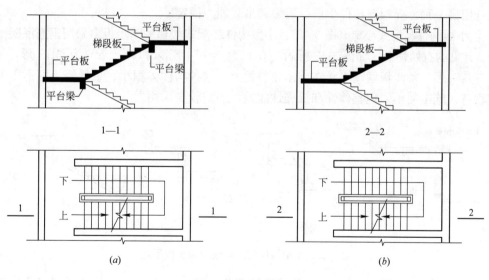

1—1　　　　　　　　　2—2

(a)　　　　　　　　　(b)

图 3-40　板式楼梯

　　2）梁板式楼梯：楼梯是由梯段板、楼梯斜梁、平台板、平台梁等组成。其梯段板上的荷载通过斜梁传给平台梁，再传到墙上去（图 3-41）。图 3-41（a）所示靠墙一侧不设斜梁，此做法较经济但施工较麻烦。另一种做法是梯段板两端均搭在斜梁上。斜梁可在梯段板下面，也可在梯段板上，前者称明步，后者称暗步做法。

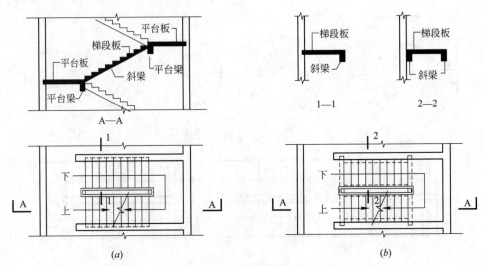

图 3-41　梁板式楼梯

（4）钢筋混凝土楼梯的施工方式

钢筋混凝土楼梯，按施工方式可分为现浇式钢筋混凝土楼梯和装配式钢筋混凝土楼梯。

1）现浇钢筋混凝土楼梯

现浇钢筋混凝土楼梯，随着工程的进展，逐层浇筑。其整体性较好，但比装配式钢筋混凝土楼梯费工、费时。

2）装配式钢筋混凝土楼梯

装配式钢筋混凝土楼梯，按尺寸大小不同，有小型、中型和大型装配式钢筋混凝土楼梯。选用哪一种，要根据构件生产、运输和吊装能力而定。

① 小型构件装配式楼梯（图 3-42）：小型构件装配式楼梯的踏步板多采用钢筋混凝土预制板，常见的有四种形式如图 3-42 所示，（a）为"一"字形，（b）、（c）为"L"形，（d）是"三角"形。踏步板两端支承在墙体或斜梁上。这种构件体积小、重量轻，可不用大型起重设备，施工简单。但整体性和抗震性能差，当前较少采用。

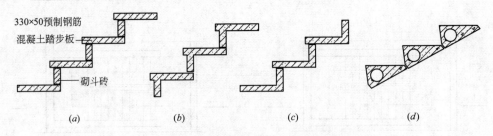

图 3-42　小型构件装配式楼梯踏步板形式

② 大型构件装配式楼梯：梯段斜梁和踏步板、平台梁和平台板分别预制成两块整板如图 3-43 所示。在施工现场用起重设备吊装，其优点是施工速度快。

（5）楼梯间

1）楼梯间分类

建筑随着经济的发展和人们的需求，在有限的土地资源上，涌现出大量的高层和超高层建筑，因此建筑防火规范对人流疏散的楼梯间作了明确规定。楼梯间分为开敞式、封闭式、扩大封闭式和防烟楼梯间。不设门的楼梯间称开敞式楼梯间；设防火门的楼梯间称封闭式楼梯间；扩大封闭式楼梯间，是将封闭式楼梯间的底层，扩大到整个门厅，并在通向门厅的走道和房间的出入口处，设防火门，这样的楼梯间称扩大封闭楼梯间；封闭楼梯间应加设消防前室，同时进行人工送、排风，使楼梯间的风压大于消防前室，消防前室的风压又大于走道，这样的楼梯间称防烟楼梯间，楼梯间类型如图 3-44 所示。

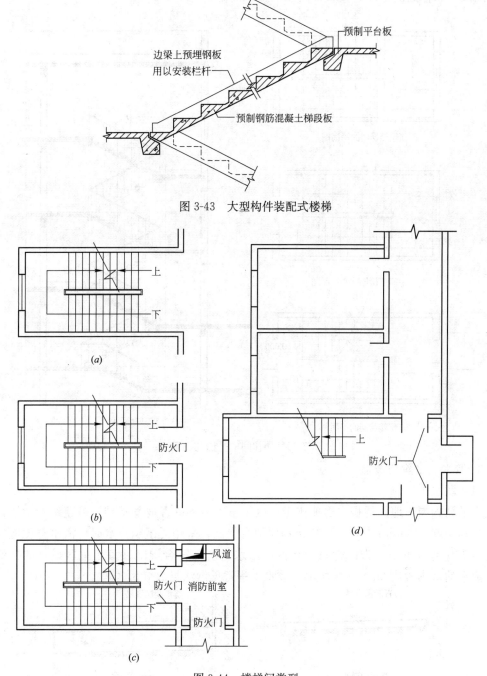

图 3-43　大型构件装配式楼梯

图 3-44　楼梯间类型

（a）开敞楼梯间平面；（b）封闭式楼梯间平面；（c）防烟楼梯间平面；（d）扩大封闭式楼梯间平面

2）楼梯间画法示例

楼梯是建筑物的重要组成部分，因其建筑构件较多，尺寸繁杂，在小比例尺的平、剖面图中，不易标注清楚，在设计过程中要放大比例绘出平、剖面图。

图 3-45 所示即为楼梯间的一般画法，除首层和顶层楼梯间平面必画外，中间各层若梯段步数完全相同时，仅画一个中间层楼梯间平面即可，但要注明所代表的各层的标高。楼梯间尺寸和标高的标注，视设计阶段的要求而定。

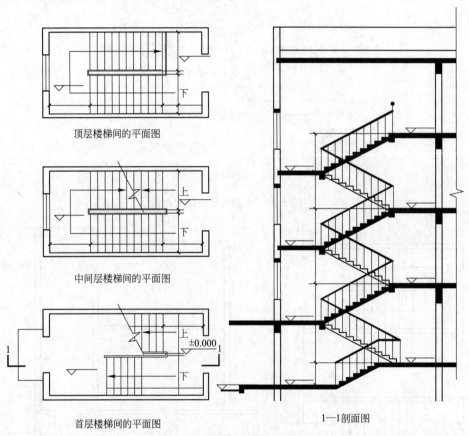

顶层楼梯间的平面图

中间层楼梯间的平面图

首层楼梯间的平面图

1—1剖面图

图 3-45　楼梯间的平面与剖面

## 2. 散水、台阶与坡道

### （1）散水

为了勒脚周边地面的积水迅速排走，以免渗入地下危害地基基础，沿建筑物四周设置散水。其宽度 1000mm 左右。当建筑物屋顶有出檐且采用无组织排水时，散水宽度应比出檐宽出 100 到 200mm。湿陷性黄土地区，散水宽度应符合湿陷性黄土地区设计的特殊规定。散水的基本做法如图 3-46 所示。散水工程常见做法见表 3-8。

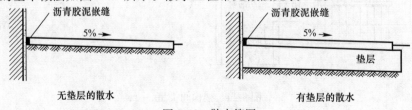

无垫层的散水

有垫层的散水

图 3-46　散水简图

**常见散水工程做法一览表** 表 3-8

| 名称 | 做法 | 名称 | 做法 |
|------|------|------|------|
| 混凝土散水 | 60mm 厚 C15 混凝土面上 5mm 厚 1：1 水泥砂浆，随打随抹光；<br>150mm 厚 3：7 灰土一步；<br>素土夯实，向外坡 4% | 块石灌浆散水 | 100mm 厚块石，1：25 水泥砂浆灌缝；<br>30mm 厚粗砂；<br>素土夯实，向外坡 4% |
| 细石混凝土散水 | 40mm 厚 C15 细石混凝土面上 5mm 厚 1：1 水泥砂浆，随打随抹光；<br>150mm 厚 3：7 灰土一步；<br>素土夯实，向外坡 4% | 卵石散水 | 60mm 厚 C20 细石混凝土嵌砌卵石；<br>150mm 厚 3：7 灰土一步；<br>素土夯实，向外坡 4% |
| 水泥砂浆散水 | 20mm 厚 1：2.5 水泥砂浆抹面压光；<br>素水泥浆结合层一道；<br>60mm 厚 C15 混凝土；<br>150mm 厚 3：7 灰土一步；<br>素土夯实，向外坡 4% | 砖铺散水 | 平铺砖面层，1：3 水泥砂浆填缝；<br>30mm 厚粗砂一层；<br>150mm 厚 3：7 灰土一步；<br>素土夯实，向外坡 4% |

（2）台阶

1）台阶形式

台阶形式是多种多样的，结合建筑立面统一设计，但安全出口门外 1.4m 以内不得设踏步（图 3-47）。

2）台阶做法

台阶构造做法可分架空、非架空两大类。架空台阶做法如同直跑楼梯的做法，只是梯段宽度和踏步多寡不同而已，多用于高大台阶，台阶下空间可以利用。非架空台阶剖面的做法如图 3-48 所示。

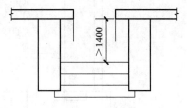

图 3-47 入口台阶平面图

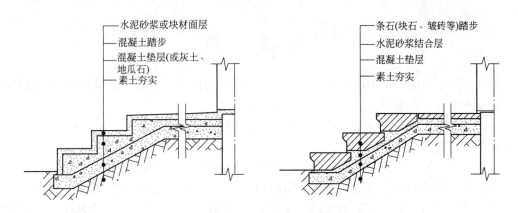

图 3-48 入口台阶剖面图

（3）坡道

供轮椅通行的坡道应设计成直线形、直角形或折返形，不宜设计成弧形。其设计要求见表 3-9、表 3-10。

| 坡道位置 | 最大坡度 | 最小宽度（m） |
| --- | --- | --- |
| 1. 有台阶的建筑入口 | 1:12 | ≥1.2 |
| 2. 只设坡道的建筑入口 | 1:20 | ≥1.5 |
| 3. 室内走道 | 1:12 | ≥1.0 |
| 4. 室外通路 | 1:20 | ≥1.5 |
| 5. 困难地段 | 1:10～1:8 | ≥1.2 |

不同位置的坡道其最大坡度和最小宽度表　　表 3-9

| 坡道坡度 | 1:20 | 1:16 | 1:12 | 1:10 | 1:8 |
| --- | --- | --- | --- | --- | --- |
| 最大高度（m） | 1.2 | 0.9 | 0.75 | 0.60 | 0.30 |
| 水平长度（m） | 24.00 | 14.4 | 9.00 | 6.00 | 2.40 |

轮椅坡道的最大高度和水平长度表　　表 3-10

注：其他坡度可用插入法进行计算。

坡道形式、起点、终点和休息平台的最小水平长度如图 3-49 所示。

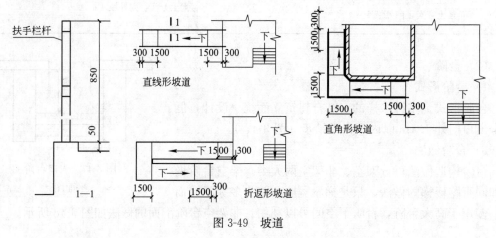

图 3-49　坡道

# 3.6　屋　顶

屋顶起房屋的围护作用，防雨雪、风沙对建筑物的侵袭，并起保温隔热作用，还具有一定的承载能力，能承担风荷、雪荷和屋顶自重。

屋顶的建筑形式是多样的，常见的有平顶、坡顶、曲面屋顶等，如图 3-50 所示。中国古建筑屋顶造型更是类型多多。

按屋顶结构的受力状态可分为平面结构和空间结构。当屋顶由屋面板或瓦、椽、檩及梁（或屋架）组成的结构形式，称为平面结构，常用于一般的建筑中。当屋顶的各构件，处于三向受力状态下的屋顶结构形式，称为空间结构，常用于大空间、大跨度的建筑中，如网架、悬索和薄壳等屋顶形式均属于空间结构。

1. 平屋顶

屋面斜率≤1:20 时称为平屋顶，有是否保温、是否架空隔热、是否上人之分。

（1）保温屋面：多用于北方地区，其构造做法由保护层、防水层、找平层、保温层、隔汽层（该层是否设置视屋顶下房间的使用性质而定）、结构层、顶棚层等构成（图 3-51）。

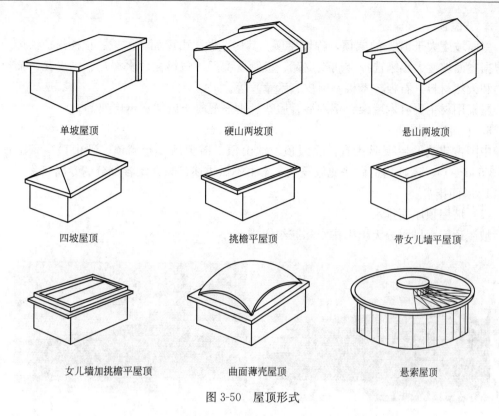

图 3-50　屋顶形式

单坡屋顶　　硬山两坡顶　　悬山两坡顶

四坡屋顶　　挑檐平屋顶　　带女儿墙平屋顶

女儿墙加挑檐平屋顶　　曲面薄壳屋顶　　悬索屋顶

保护层(不上人屋面:焊绿豆砂;上人屋面:35~40mm厚C20细石混凝土,
　　内配双向φ4@200钢筋,面层可随打随抹或铺设块材)
防水层(二毡三油卷材;整体涂刷聚氨酯防水涂料)
找平层(20~30mm厚1:2.5水泥砂浆找平层)
保温层(松散保温材料或聚苯保温块材,厚度由计算而定)
隔汽层(冷底子油、热沥青各一道)
结构层(钢筋混凝土承重层)
顶棚层(20mm厚混合砂浆抹灰)

图 3-51　平屋顶保温屋面的构造层次

（2）架空隔热屋面：多用于南方地区，其构造做法由架空盖板层、空气层、防水层、找平层、结构层、顶棚层等构成（图 3-52）。

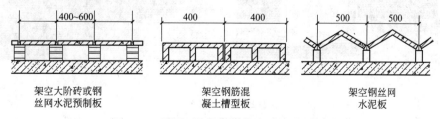

400~600　　400　　400　　500　　500

架空大阶砖或钢　　架空钢筋混　　架空钢丝网
丝网水泥预制板　　凝土槽型板　　水泥板

图 3-52　平屋顶的架空隔热屋面的基本形式

2. 坡屋顶

屋面坡度大于 10％的屋顶，称坡屋顶。其构造做法由屋面、屋架、顶棚组成。屋面用材根据屋面坡度大小来选择金属铁皮瓦、机制压型瓦（塑料瓦、水泥瓦、黏土瓦、油毡瓦等）和天然材料（石板、木板、树皮、禾草）等。

屋架用材主要有木屋架、钢木混合屋架、钢筋混凝土屋架、钢屋架等。

3. 中国建筑屋顶

中国古建筑的屋顶形式有：庑殿顶、歇山顶、攒尖顶、卷棚顶、硬山顶、悬山顶等（图 3-53a～f）。屋顶构造做法比较复杂，本书不做讲述，只介绍各部分的专属名称。

4. 屋面排水

（1）坡屋顶屋面排水

坡屋顶屋面排水分无组织排水和有组织排水。

(a)

(b)

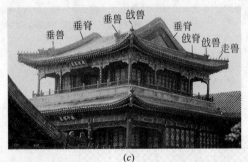

(c)

(d)

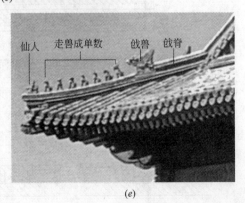

(e)

图 3-53（一）

(a) 庑殿顶；(b) 歇山顶；(c) 卷棚顶；(d) 攒尖顶；(e) 仙人、走兽

图 3-53 （二）

（f）硬山、悬山及单坡顶

无组织排水又称自由落水，雨水由屋面流向檐口，由檐口自由落至地面。在低层或少雨地区多采用此种排水方式。

有组织排水，是在檐口处设置水平的檐沟，雨水由屋面流下至檐沟内，再经垂直的雨水管流至地面。

（2）平屋顶屋面排水

平屋顶屋面排水亦分无组织排水和有组织排水。

无组织排水亦称自由落水，其雨水的排除方式与无檐沟的坡屋面的自由排水相同。

有组织排水又分外排水和内排水两种方式。这种排水方式是将屋面划分若干排水区（平屋顶一般按 $150 \sim 200 m^2$ 投影面积为一个区），按一定的坡度将雨水引导到雨水口，经雨水管（一个排水区设一个 $90 \sim 100mm$ 直径的雨水管）流走（图 3-54）。

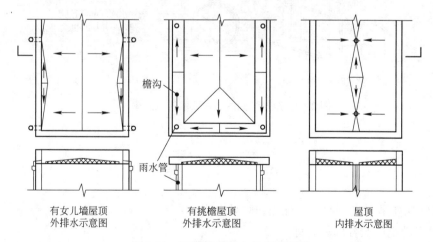

有女儿墙屋顶　　　　　　有挑檐屋顶　　　　　　　　屋顶
外排水示意图　　　　　　外排水示意图　　　　　　内排水示意图

图 3-54　屋顶基本排水方式示意图

有女儿墙的屋面排水，防水层应沿女儿墙垂直卷起，其高度不小于 250mm，并选用耐锈蚀的矩形铸铁雨水口（图 3-55）。

雨水口分穿女儿墙和楼板两种。不可将穿楼板的排水口用于女儿墙上，即使两者有等效的排水断面（排水口全部淹没在水中时），用于女儿墙处圆形雨水口的排水效率也远远低于矩形雨水口的排水效率（图3-56）。

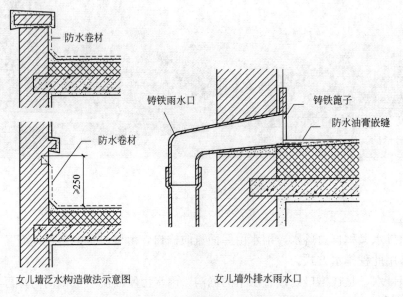

图 3-55　平屋顶女儿墙泛水及雨水口构造示意图

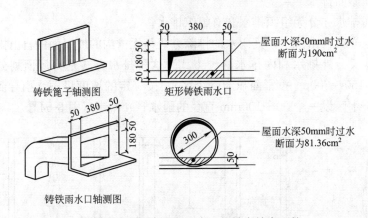

图 3-56　矩形和圆形雨水口的排水效率比较

## 3.7　门　窗

门窗的功能是采光、通风、分隔和联系空间。

1. 门窗的组成及各部位名称

门是由门框、门扇组成（图3-57a）；窗是由窗框、窗扇等组成（图3-57b）。图中斜线是表达门窗扇开启方向的图例，实线为外开，虚线则表示为内开。

当门窗扇为内开扇时，应在门窗下冒头处加设伸出下框的披水条，以防打在门窗扇上的雨水沿下框和下冒头的缝隙流入室内（图3-57c）。

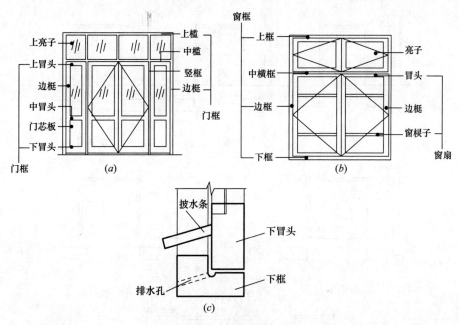

图 3-57 门窗各部位名称

(a) 门；(b) 窗；(c) 内开门窗下冒头处防水做法简图

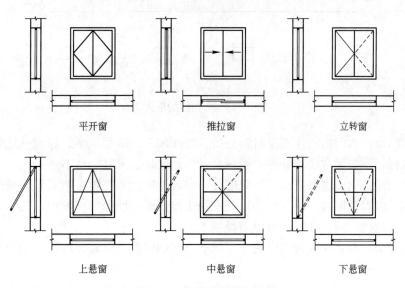

图 3-58 常用窗的开启方式

2. 门窗的开启方式

窗按开启方式分为：平开窗、推拉窗、提拉窗、悬窗、立转窗等，如图 3-58 所示。

门按开启方式分为：平开门、推拉门、弹簧门、转门、折叠门（多用于分隔室内空间）、提升和卷帘门（多用于车库、仓库、厂房），如图 3-59 所示。

3. 门窗材料种类

按门窗材料种类分，有木门窗、钢门窗、铝合金门窗、塑钢门窗、断桥铝门窗、铝木复合门窗等。

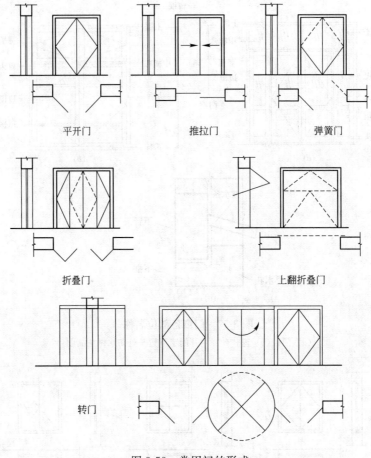

平开门　　　　　　　推拉门　　　　　　　弹簧门

折叠门　　　　　　　　　　　　　上翻折叠门

转门

图 3-59　常用门的形式

（1）木门窗：木门窗的优点是材料易得、方便加工、造型灵活、保温性能好，但需消耗大量的木材，还要经常刷漆保护，否则会变形、腐朽、虫蛀，且不防火。

（2）钢门窗：钢门窗有空腹、实腹之分，空腹钢窗比实腹钢窗自重轻、刚度大，便于运输及安装，但因壁厚薄，耐久性差，不宜用于海边腐蚀性强的环境中。比木门窗坚固耐久，断面小少遮挡、透光性好，但保温性能差。

（3）铝合金门窗：铝合金门窗的主要优缺点同钢门窗，但其强度不如钢门窗，耐腐蚀性优于钢门窗。

（4）塑钢门窗：塑钢门窗的保温性能优于钢门窗，但会老化变色，密封性能差。

（5）断桥铝门窗：断桥铝门窗的保温性能和密封效果均优于上述门窗，是目前较为广泛采用的门窗。

（6）铝木复合门窗：铝木复合门窗是近几年开发推广的一种新型复合门窗，这种门窗外部采用铝合金静电喷涂、氧化等处理；内部采用硬质木材，其色彩和纹理的选择可与室内装修风格相协调。除美观外，它的保温、隔声、节能皆属上乘。

4. 中国古建筑门窗

中国古建筑门窗的各部分名称如图 3-60、图 3-61 所示。

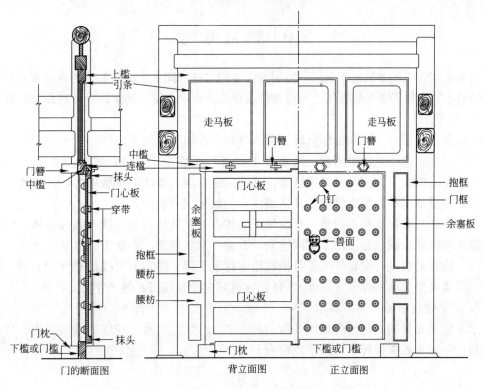

图 3-60　中国古建筑大门的各部分名称

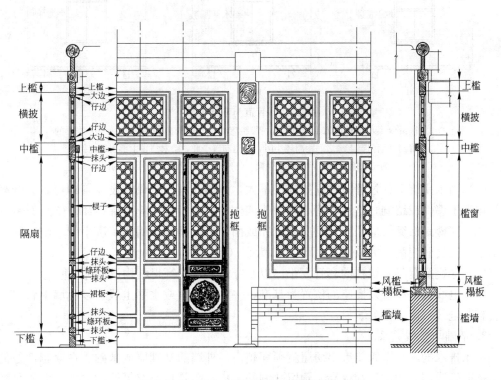

图 3-61　中国古建筑窗与隔扇的各部分名称

# 3.8 管线敷设

给水排水管线大多敷设于厨房、浴厕及需要用水的房间中。厨房和浴厕在建筑设计中要邻近外墙布置，便于采光和通风。为给水排水管线进出户方便，其立管尽可能靠外墙敷设。

1. 立管敷设

立管敷设有三种方式：墙体直埋、管线外露、管道井敷设等。

（1）墙体直埋：也称走暗管，给水排水立管直接埋设于墙体内的优点是不占室内空间，便于家具摆设，方便墙面卫生清理；其缺点是会削弱墙体的承载能力，一旦墙上有梁时，走管就更加困难，管线维修要开凿墙体，会破坏墙面装修。

（2）管线外露：也称走明管，管线暴露墙体以外。其优点是，既不破坏墙体，又便于管线施工和维修；缺点是占用了室内空间，有碍于家具摆设，不便于墙面卫生清理。

（3）管道井敷设：设置管道井可使对给水排水工程无影响的管线如暖气管共用一个管道井（各类电气线路、煤气管除外），各层管道井应设检修门，便于管线的检修。

2. 水平管道布置

水平管道布置的3种情况如图3-62（$a$）、（$b$）、（$c$）所示。穿墙（或梁、板、柱）过管的构造一般布置在楼板下、梁下或窗台下。

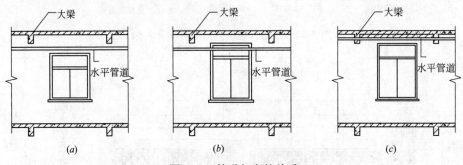

图 3-62　管道与窗的关系

（$a$）当梁的下缘与外墙门窗上缘之间有一段距离时，水平管道可布置于此；（$b$）当梁的下缘与外墙门窗上缘之间距离较小时，管道布置于此，会对门窗上部引起遮挡；（$c$）为避免遮挡门窗，管道须穿梁。此种做法须征得结构设计人的同意

（1）当水平管道穿过墙体时，如管径不大，开凿孔洞后，只加设套管即可，大管径套管要预埋于墙体或留洞，防水套管必须埋于墙体中，套管直径应比待穿管管径大1～2号。

（2）穿楼地板套管应预埋，并应高出完成面 $h=1\sim2\mathrm{cm}$，厨房、洗手间、洗衣间等宜跑水地面的套管应高出完成面 $h=4\sim5\mathrm{cm}$ 为宜（图3-63）。

（3）穿钢筋混凝土梁柱的套管大小，以及穿过部位应征得结构设计师的同意。

（4）电线管敷设要以插座的位置为基准，一定要垂直或水平走线，以免墙上钉钉、打洞会打断电线（图3-64）。

3. 基础与管线关系

给水排水的水平干管要进出房屋就须穿越内、外墙的基础墙或基础。在穿越部位的图纸上标明管线留洞的位置和标高。预留孔洞的上皮，距管顶要有足够的空隙，以满足建筑物的沉降，一般 $d$ 不宜小于150mm（图3-65）。

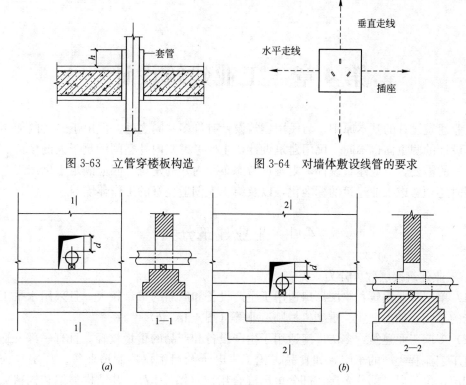

图 3-63　立管穿楼板构造　　　图 3-64　对墙体敷设线管的要求

图 3-65　水平干管穿越基础做法图

管线穿越地下室侧壁时、应尽量避免穿越地下水位以下的防水层。若必须穿过时，要采取有效措施（图 3-66），保证管道周围无渗漏。

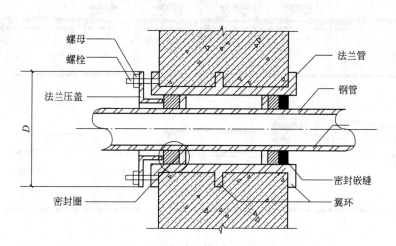

图 3-66　管道穿越地下室侧壁时应加防水套管

法兰管（套管）穿墙处若为非混凝土墙壁时，应局部改为混凝土墙，其范围应比翼环直径 $D$ 大 200mm，而且必须将套管浇固于墙内。

穿管处混凝土墙不小于 300mm，否则应将墙壁一侧或两侧加厚到 $D+200$mm（$D$ 为法兰压盖的直径）。

# 第4章 工业建筑设计

工业建筑设计的基本原则，与民用建筑设计有许多共同之处。但由于二者的使用要求不同，设计的侧重面也不同。民用建筑设计，主要考虑室内外空间满足于人的生活、社交及审美等的需要。工业建筑设计，则着重考虑车间内外的建筑空间应满足于生产工艺的需要，同时还须考虑工业建筑的标准化，以及给工人创造良好的工作环境等。

## 4.1 工业建筑分类

1. 工业建筑按层数可分为三类

（1）单层工业建筑：单层厂房适用于生产设备和产品的重量较大，且采用水平工艺流程生产的车间，如冶金业、重型机械制造业等（图 4-1a、b）。

（2）多层工业建筑：多层厂房适用于生产设备和产品的重量较轻，且有一部分适于采用垂直工艺流程生产的车间，如食品、化工、电子及精密仪器制造业等。厂房均为多层（图 4-1c），也可以是部分多层与部分单层混合组成（图 4-1d）。其结构类型和构造做法均与民用建筑无大差异，本书就不作介绍了。

（3）高层工业建筑：指建筑高度超过 24m 的两层及两层以上的厂房（库房）建筑。

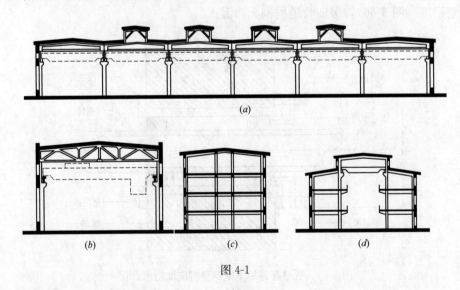

(a)

(b)          (c)          (d)

图 4-1

2. 按厂房内部生产状况可分为四类

（1）冷加工车间：指常温下进行生产的车间，如机械加工、装配、机修等车间。

（2）热加工车间：指在高温下进行生产的车间，如锻工、铸工、炼钢等车间。

（3）空气调节车间：指在温度控制要求较严的情况下进行生产的车间，如精密仪器、

78

光学仪器、电子产品等工厂的某些车间。

（4）洁净车间：指在无尘或对尘埃有一定限制的条件下进行生产的车间，如集成电路、感光胶片厂、生物制药的某些车间。

## 4.2　总平面设计

工厂的厂区，多由数幢建筑物和构筑物组成。在进行各单体建筑设计之前，首先进行总平面设计。重点考虑以下四个方面的问题。

1. 功能分区

功能分区，就是把性质相同或相近的建筑物或构筑物就近布置，组成各区段。各区段布置的合理与否，将直接影响工厂的生产效率、产品质量和工人的健康。因此，功能分区在总平面的设计中占有很重要的地位。

较典型的厂区，是由行政办公和生活福利区、生产区、动力区、仓储区及构筑物等组成（图 4-2）。

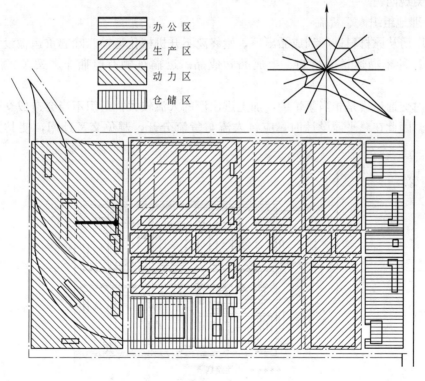

图 4-2　某机械制造厂功能分区图

（1）行政办公和生活福利区

本区由行政办公用房（厂长办公、党团工会、治保人事、劳动工资、计财会计、技术管理、化验和销售等部门）和生活福利用房（托儿所、幼儿园、食堂、宿舍、招待所、卫生院及文化娱乐等）所组成，本区又称厂前区。为方便工厂人员上下班和对外的工作联系，通常将本区布置在工厂的主要出入口处，同时在主导风向的上风位，以免受生产车间排出的烟尘和其他有害气体的危害；也有的将其与生产区隔离设置。

（2）生产区

生产区是工厂的主体。它由主要生产车间（机械制造厂中的铸工车间、锻工车间、机械加工车间、机械装配车间等）或主要生产构筑物（净水厂的泵房、沉淀池、滤池、清水池及吸水井等）所组成。本区应靠近厂前区布置，同时将有污染的车间（铸工车间、锻工车间、氯库等）布置在主导风向的下风位。

（3）动力区

动力区是工业生产的心脏。它包括变配电站、锅炉房、煤气站、压缩空气站等。总平面设计时，应将其布置在厂区的能耗负荷中心，或靠近能耗较大的车间布置，以减少能量的损耗。但需考虑对环境的影响问题。

（4）仓储区

仓储区主要包括原材料库、半成品库和发货成品库。宜布置在货流运输方便处。

（5）构筑物

为满足生产、生活需要的构筑物，如泵房、水塔、净水设施、冷却塔等在布置时应注意厂区的美观问题。

2. 合理地组织人、货流

工业厂房从原材料进厂到成品出厂，始终离不开机械化运输。除起重运输设备外，还需借助于各种车辆运送原材料、半成品和成品。运输车辆有电瓶车、叉车、汽车和火车等。

厂区内交通运输是相当繁忙的，加上进出厂的人流较大，组织不当会造成交通阻塞和伤亡事故。因此在总平面设计时，应将人流与货流分开，避免交叉迂回，使其井然有序（图 4-3）。

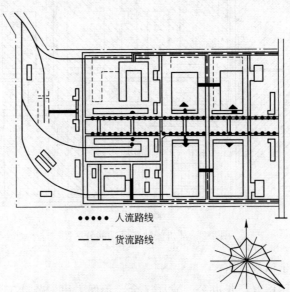

●●●●● 人流路线

———— 货流路线

图 4-3　某机械制造厂交通组织图

水厂的交通运输量，虽然比机械制造厂少得多，但仍需考虑道路系统的合理安排。最好将主车道设计成环状，否则应在运输频繁的药库、机修间和车库前设回车场。

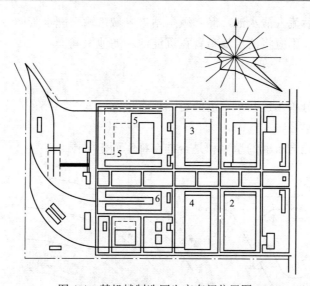

图 4-4 某机械制造厂生产车间位置图

1—辅助车间；2—装配车间；3—机加工车间；4—冲压车间；5—铸工车间；6—锻工车间

### 3. 各生产车间相对位置的确定

工业产品，往往要经过几个车间的加工才能完成。总平面设计时，在厂区功能分区基本确定的基础上，根据产品的加工程序，来确定各生产车间的相对位置。将联系较密切的车间就近布置，可缩短加工件的运输路线，避免其往返交错。以图 4-4 所示的机械制造厂的生产区为例，图中的 1、2、3、4、5、6 分别是辅助车间、装配车间、机加工车间、冲压车间、铸工车间和锻工车间。装配车间是将机加工车间的工件和冲压车间的冲压件组装在一起，因此该两车间应靠近装配车间布置。机加工车间的坯料来自锻工和铸工车间，为此又将该两车间靠近机加工车间布置。辅助车间主要服务于机加工和装配车间，因此将其靠近该两车间布置。

以上是某机械制造厂的车间布置。下面再以某净水厂生产区构筑物的布置为例（图 4-5），通过一级泵站提升上来的源水，加药后注入沉淀池，沉淀后的水通过滤池过

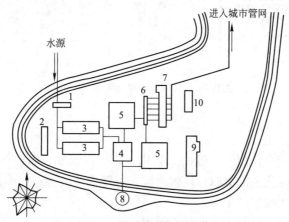

图 4-5 某净水厂总平面图

1—Ⅰ级泵站；2—加药间；3—沉淀池；4—滤池；5、清水池；6—吸水井；

7—Ⅱ级泵站；8—水塔；9—办公楼；10—食堂

滤，再经消毒，最后流入清水池，经二级泵站进入城市输、配水管网。这三组构筑物密切相关，须依序排列。不应将清水池布置在沉淀池和滤池之间。

4. 厂区道路

（1）车道宽度

厂区车道一般分单车道和双车道两类。单车道宽 3.5～4.0m，双车道宽 6～7m 为宜。

（2）车道转弯半径

车道的转弯半径与车辆的型号和是否挂有拖车而定（图 4-6）。

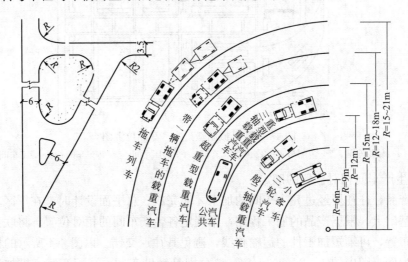

图 4-6　车道转弯半径

（3）停车场和回车场

汽车库前的停车场及尽端路的回车场如图 4-7 所示。

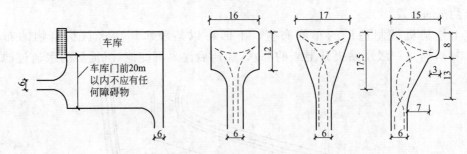

图 4-7　车库前停车场和路尽端回车场（单位：m）

5. 厂区绿化

（1）厂区绿化的作用

绿色植物在进行光合作用时，吸收二氧化碳，放出氧气。绿色植物是吸收有害气体、净化空气的好卫士。绿化还能吸收、反射声波，可降低环境噪声。因此绿化可以减少环境污染，创造良好的卫生与生产条件。

绿化可以美化环境，有利于人的身心健康。

天津市纪庄子污水处理厂的环境绿化是较成功的。厂区里，有峰峦叠翠的假山、绿水涟漪的清泉、行道树枝繁叶茂、花坛里姹紫嫣红，名人名言的碑墙石刻，坐落在厂区入口的底景处，人们进厂宛如置身于花园之中。

（2）厂区绿化的配置

绿化由花草、树木组成。树木的种类繁多，有针叶树、阔叶树、常绿树、落叶树、乔木和灌木之分。花卉分草本、木本，其开花季节、花期长短和对自然界的适应能力，随种类而异。树木的栽植，有单株、群株和行列式等方式。单株树多选择树形开展、姿态优美的树种以供观赏，如香樟、雪松、白皮松、银杏、榕树、悬铃木等。

群株是由同种或不同种的树木栽植而成。树种选择应考虑乔木和灌木、常青树和落叶树、针叶树和阔叶树、开花和不开花的树种，进行合理的配置。同时还要考虑树叶色彩随季节而变化的观赏效果。更应注意所选树种必须适应当地的气候和生长条件。

树种配置时应以一种为主，高低变化，避免平直呆板和杂乱无章。行列式树木，一般是沿人行道等距离栽植，也有的连续数株间隔栽植的。树种的选择、配置同群株一样，须进行合理搭配，但以选择树冠大、耐病害、少生虫者为宜。

（3）净水厂和污水处理厂的绿化

净水厂和污水处理厂的绿化，一般由行道树、绿篱、草地和花坛组成。行道树沿道路两侧种植，形成条状绿化。其功能是防止道路上的尘埃向两侧扩散，同时起遮阳、吸收噪声和美化环境的作用。树带宽度常取 1.25～2.00m。树种选用能吸收有害气体和烟尘的树种，如刺槐、悬铃木、臭椿、冬青等。

绿篱常用侧棚、黄杨、女贞、枸杞等灌木组成。以其分隔车道和人行道，分隔生产区、管理区、检修区和加药区，同时起围阻带状或块状绿化空间的作用。

草地多种植在厂前区、行道树的绿带中、建筑物和构筑物的四周以及清水池的顶部，以覆盖裸露的土地，它既能防尘又能减少夏季地面的热辐射。

花坛、喷水池、假山、雕塑以及室外座凳等建筑小品，对厂区的美化，起着重要的作用。多用在厂前区广场和道路的对景处。

## 4.3 工业建筑设计的要素

影响工业建筑设计的主要因素如图 4-8 所示。

1. 生产工艺流程与建筑的关系

原料进入车间，经过一系列加工程序，制成半成品或成品，直到运出车间的全部过程即为生产工艺流程。不同产品的车间，有不同的生产工艺流程。工艺师据此对建筑提出工艺要求图，建筑专业再根据此图的要求进行建筑设计。

工艺流程有：水平式、垂直式、水平和垂直混合式。为适应各类工艺流程的需要，就出现了多种形式的平面和剖面的工业厂房（图 4-9）。

2. 生产、起重运输设备与建筑的关系

（1）生产、起重运输设备与建筑平面中柱网的关系

柱网就是在车间纵横定位线相交处，设置承重柱所形成的网格。柱网的确定应根据生产设备（如

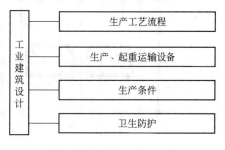

图 4-8

机械制造厂的各种机床、炼钢厂的冶炼炉、净水厂泵站中的水泵等）的外形尺寸、布置方式、设备的操作、检修及加工工件的运输等空间要求，和根据各种规格的起重运输设备的经济跨度（如桥式吊车起重量为 30t，或大于 30t 时，选用 24～30m 的跨度是比较经济的）来决定。当车间的生产设备较大，或者大型生产设备的基础与厂房的柱基有矛盾时，可采用局部取消柱，扩大跨度的处理措施（图 4-10）。为适应厂房生产工艺和生产设备的更新换代，灵活布置，可采用扩大柱网的设计手法（图 4-11），使吊车纵横向布置，灵活地吊装加工件。

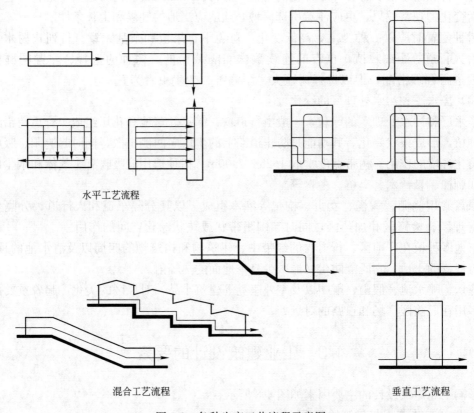

图 4-9　各种生产工艺流程示意图

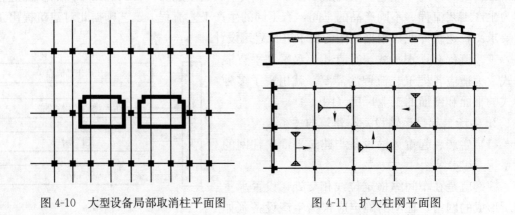

图 4-10　大型设备局部取消柱平面图　　　图 4-11　扩大柱网平面图

（2）生产、起重运输设备与厂房高度的关系

1）起重运输设备

为减轻工人的劳动强度和提高劳动生产率，工业厂房常备有起重运输设备，吊车是其中常用的一种。它对厂房的平面布置，和结构选择有密切的关系，因此对吊车的形式和种类，应有所了解，现介绍以下三种。

① 单轨悬挂式吊车（图 4-12）：由带绞车的起重行车及轨道组成。它只能沿轨道呈线状起吊，作业面上有局限性，起重量为 1～2t。

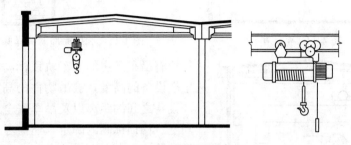

图 4-12　单轨悬挂式吊车

② 梁式吊车（图 4-13）：由带绞车的起重行车及支撑行车的横梁组成。横梁悬挂于屋架下（起重量不超过 5t）；或支撑于柱的牛腿上的吊车梁上（起重量不超过 10t）。它的行车轨迹是纵横的，呈面状作业。

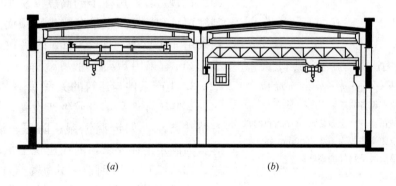

图 4-13　梁式吊车

（a）吊车轨悬挂于梁下；（b）吊车轨放置在吊车梁上

③ 桥式吊车（图 4-14）：由起重行车及支撑行车的吊车桥架组成。桥架两端装有行车轮，支承在吊车梁的轨道上，沿厂房跨度纵向移动。起重行车支承在桥架上弦的导轨上，沿厂房跨度横向移动。在吊车下部装有司机操纵室。

2）生产、起重运输设备与厂房柱顶标高的关系

厂房高度通常指室内地面至屋架下弦的距离，但标高并不注在屋架下弦，而是注写于柱的顶部。有吊车梁时，还应注明吊车梁上的轨顶标高。无吊车厂房的柱顶标高，一般是按最高的生产设备的安装、操作和检修时所需要的净空高度而定，同时还需考虑通风和采光的需要。为避免因个别高大的生产设备而提高整个厂房的高度，造成浪费，可将其布置在两榀屋架之间（仅在无吊车，或有吊车但不影响其运行的条件下）或局部地坑内（图 4-15）。

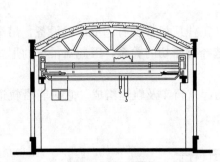

图 4-14　桥式吊车

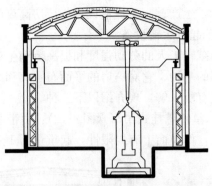

图 4-15　利用局部地坑降低厂房高度

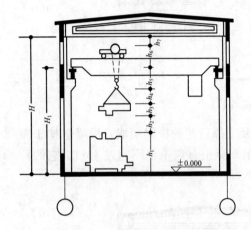

图 4-16

轨顶高度　$H_1 = h_1 + h_2 + h_3 + h_4 + h_5$

柱顶高度　$H = h_1 + h_2 + h_3 + h_4 + h_5 + h_6 + h_7$

式中　$h_1$——生产设备的最大高度；

　　　$h_2$——被吊物件与设备之间，在运行时的安全距离一般为 400～500mm；

　　　$h_3$——最大被吊物件的高度；

　　　$h_4$——被吊物与吊钩间距离；

　　　$h_5$——吊钩下端至轨顶之间距离；

　　　$h_6$——轨顶距台车顶面之间距离；

　　　$h_7$——台车顶至屋架下弦的净空尺寸

有吊车厂房的吊车轨顶标高的确定，需考虑生产设备的高度，被吊物件的高度，被吊物与生产设备之间的距离以及吊车安全运行所需的空间高度。柱顶标高的确定，还需考虑吊车上端和屋架下弦之间保持一定的距离（图 4-16）。高大的设备应布置在车间的端部，以避免影响吊车的运行。

按《厂房建筑模数协调标准》GB/T 50006—2010 的规定：厂房柱子的高度（从车间地坪到预制柱顶）和柱侧架设吊车梁牛腿顶面高度的尺寸均采用 3M 数列，即 300mm 的倍数；若高度大于 7.2m 宜采用 6M 数列。

3. 生产条件与建筑的关系

某些工业产品本身或生产设备，对生产环境有特殊要求，如恒温恒湿、防振、洁净及无菌等。为满足上述要求，需在建筑上采取相应的措施，如纺织厂，为创造一定温、湿度的生产环境，除采用空气调节装置外，在建筑上将锯齿形天窗设在朝北的方向（图 4-17），以免阳光直接射入室内，引起温湿度的波动过大，影响生产。

精密仪器、仪表、光学仪器、无线电、摄影胶片、显像管等生产厂房，都有不同程度的洁净要求。尘土的来源，一是由门窗、工作人员、材料工具等带入车间的，再是车间内部的墙、顶棚、地面等起尘产生的。故而这些厂房，在设计上对天花板、墙面及地面的面层选材、构造做法上，都须采取一系列措施。

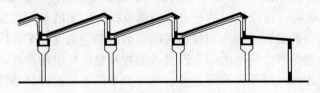

图 4-17　北向天窗示意图

4. 卫生防护与建筑的关系

工厂在生产过程中，会产生一些对人体和建筑结构有害的因素，如高温、高湿、烟、尘、振动、噪声以及有毒的物质，有侵害性的化学气体和液体，还有火灾、爆炸、辐射等。为保障工人的身体健康，安全生产和防止建筑结构遭受侵蚀，除改进生产工艺外，还应在厂房设计时，采取合理的防护措施。例如，在冶炼、铸造、金属热加工等车间中，常设有巨大的熔炼炉及加热炉，在生产过程中，散发出大量的余热。高温对工人的身体健康和厂房结构都不利，因此应将余热尽快地排出室外。除了采取机械通风和局部降温措施外，还要合理地进行车间平剖面设计。例如，车间采用两侧开窗的"一"字形、"冖"字或"E"字形等平面形式（图4-18），剖面上开设天窗（图4-19），以利排出余热、烟尘及有害气体。

图 4-18　平面形式　　　　图 4-19　热加工车间利用温差
　　　　　　　　　　　　　　排风的厂房剖面示意图

在净水厂和污水处理厂的水泵车间，为减少噪声干扰，操作间宜布置在车间的端部，对墙体和门窗（包括观察窗）都应采取隔声处理。

就车间的工段安排上，也须将有害工段布置在靠近车间外墙、排风良好、车间下风位及远离生活间等部位。有的则需屏蔽隔开，以免影响其他工段的正常生产。

某些化工厂生产过程中，会散发出易燃易爆的气体，如氢、氧、乙炔、石油气等。此类车间，为避免安全事故的发生，除根据生产要求避免阳光直接射入车间和加强通风换气外，还应采取一系列报警、防爆等措施。

## 4.4　单层厂房定位轴线的标定

定位轴线与厂房建筑设计和结构布置有着密切的关系。例如，柱网尺寸是由定位轴线标定的；厂房构配件安装的位置、厂房内预留的坑槽、孔洞、管线及设备安装等位置，均以定位线来定位。所以，建筑、结构、设备等施工图纸均需注明统一的定位轴线，便于施工。

定位轴线有纵向轴线和横向轴线。与厂房横向骨架平行的轴线，称为横向定位轴线，与它垂直的轴线，称为纵向定位轴线（图4-20）。

纵横跨的定位线互为垂直关系，即纵跨的横向定位线垂直于横跨的横向定位线；纵跨的纵向定位轴线垂直于横跨的纵向定位轴线。一般，横向定位轴线标在屋面板的横向接缝处，其轴线间的距离与屋面板长度的标志尺寸是一致的。纵向定位轴线标在屋架的端部，其轴线间的距离和屋架跨度的标志尺寸也是一致的。定位轴线间的距离和承重构

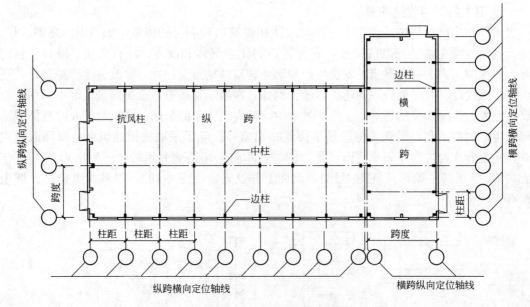

图 4-20　厂房定位轴线平面图

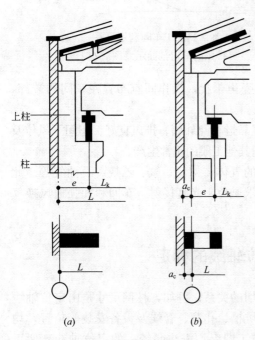

图 4-21

(a) 封闭式结合；(b) 非封闭式结合

$a_c$—联系尺寸 (150mm、250mm、500mm)；

$e$—吊车轨中心到纵向定位线的距离；

$L$—厂房跨度；

$L_k$—吊车轨距

件长度是统一的，都要合乎模数制。同时要符合《厂房建筑模数协调标准》中的有关规定：

厂房的跨度≤18m 时，采用 $30M_0$（3m 的倍数，即 18m、15m、12m、9m、6m 等）；厂房跨度＞18m 时，应采用 $60M_0$（6m 的倍数，即 24m、30m、36m 等），若工艺布置有明显优越性时，可采用 $30M_0$（3m 的倍数，即 21m、27m、33m 等）。

柱距采用 $60M_0$，即 6m 或 6m 的倍数。

关于单层厂房定位轴线的标定，一般都采用封闭式结合。当厂房的外墙内缘与柱子的外缘，重合于同一条定位轴线时，称为封闭式结合（图 4-21a）；否则称非封闭式结合，如图 4-21 (b) 所示。在非封闭式结合中，轴线所标定的屋架（梁）端部和屋面板板边，与外墙内缘之间有空隙 $a_c$，需加补充构件将其封上。$a_c$ 称作联系尺寸。

定位轴线的标定在单层工业厂房的建筑设计中，是比较重要的。现分以下三方面说明。

**1. 厂房定位轴线的标定**

图 4-22 所示的是三个纵跨一个横跨的单层厂房结构布置平面图。其中纵跨车间有两

个 18m 和一个 12m 的车间，横跨 18m。12m 和 18m 相邻两跨设为高低跨，皆设有吊车，吊车起重量为 20t。厂房的 1—1、2—2、3—3、4—4、5—5 的定位轴线标定如图 4-23 所示。

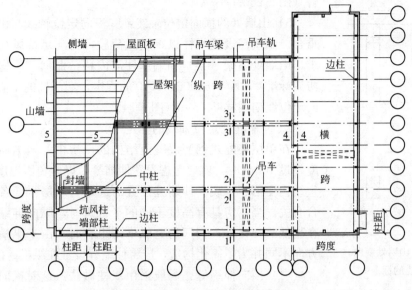

图 4-22 厂房结构布置平面图

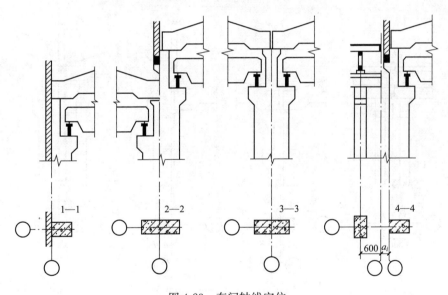

图 4-23 车间轴线定位

1）在边柱处：边柱的纵向定位轴线与外墙内缘及边柱外缘相重合。边柱的横向定位轴线与柱截面的中心线相重合（图 4-23 的 1—1）。

2）在高低跨间的中柱处：可用高跨外伸的牛腿以支承低跨的屋架；其纵向的定位轴线是与高跨上柱外缘及封墙内缘相重合；其横向定位轴线则与柱截面中心线相重合（图 4-23 的 2—2）。

3）在等高跨间的中柱处：纵向和横向定位轴线则与柱截面的中心线相重合（图 4-23 的 3—3）。

89

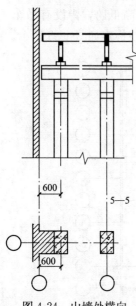

图 4-24 山墙处横向
定位线的标定

4）纵横跨交接处：纵跨紧邻横跨的端部柱内移，距纵跨横向定位线的距离为 600mm。其横跨纵向定位轴线与封墙内缘重合（图 4-23 的 4—4）。

5）山墙处的横向定位轴线：其横向定位轴线与山墙内缘相重合。山墙需设抗风柱以承受风荷载，为满足抗风柱的架设要求，山墙处屋架（梁）和端部柱需内移，根据《厂房建筑模数协调标准》GB/T 50006—2010 的规定，端部柱的中心线应自横向定位线向内移 600mm（图 4-24）。

2. 伸缩缝处定位轴线的标定

在单层装配式钢筋混凝土结构的厂房中，当纵向或横向长度超过 100m 时，就要考虑设置伸缩缝，以避免因温度变化而产生结构变形、开裂。伸缩缝位置的选定与厂房平面各跨间的组合有关。当厂房具有高度不同的平行跨时，纵向伸缩缝最好设在高低跨交接处；当厂房为纵横跨组合时，由于纵横跨的伸缩方向不同并为了简化构造，应将伸缩缝设置在纵横跨的交接处。

（1）横向伸缩缝：一般采用双柱做法。这时横向定位轴线应与两侧柱中心线相距 600mm；伸缩缝的中心线与横向定位轴线相重合（图 4-25$a$）。

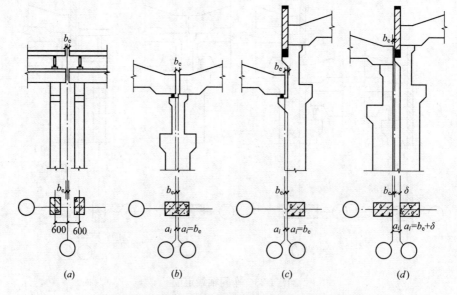

图 4-25 纵、横跨伸缩缝处定位轴线的标定

（$a$）横向伸缩缝定位轴线的标定；（$b$）等高跨处纵向伸缩缝定位轴线的标定；

（$c$）高低跨处纵向伸缩缝定位轴线的标定；（$d$）高低跨处双柱纵向伸缩缝定位轴线的标定

（2）纵向伸缩缝：一般都采用单柱做法。

对于等高度厂房，为了自由伸缩，可将伸缩缝一侧的屋架或屋面梁搁置在活动支座上（图 4-25$b$），采用两根纵向定位轴线，其插入距（$a_i$）即为伸缩缝的宽度 $b_e$。

对于不等高度的厂房，伸缩缝一般设在高低跨分界处，共有两种处理方法。一般采用单柱做法（图 4-25c），将低跨屋架或屋面梁搁置在高跨柱外伸的牛腿上，并设活动支座上，同时采用两根纵向定位轴线，其插入距（$a_i$）即为伸缩缝的宽度 $b_e$。另一种是采用双柱做法（图 4-25d），这时两条定位线间的插入距（$a_i$）应为伸缩缝的宽度（$b_e$）与高跨封墙的厚度（$\delta$）之和。

（3）厂房纵横跨交接处的伸缩缝：应设在纵横跨的连接处，横跨存在封闭与非封闭两种双柱双定位轴线的做法，并设置伸缩缝。插入距（$a_i$）应为伸缩缝的宽度（$b_e$）与封墙厚度（$\delta$）之和（图 4-26）。同时，低跨内靠近伸缩缝的柱子应按端部柱设计，即该柱的中心线应自横向定位轴线向内移 600mm。若横跨为非封闭结合时，其定位线的标定如图 4-27 所示，插入距（$a_i$）应为伸缩缝（$b_e$）与封墙厚度（$\delta$）以及联系尺寸（$a_c$）三者之合。

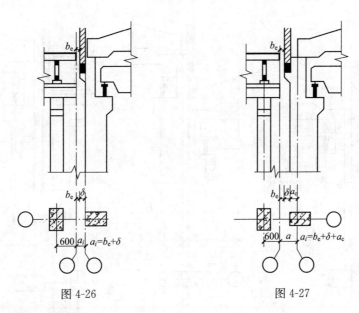

图 4-26          图 4-27

3. 吊车对定位轴线标定的影响

厂房定位轴线的标定还必须和吊车的尺寸相配合，以保证吊车的安全运行。

为此，在吊车边缘与上柱内缘之间要有一定的安全空隙。

（1）吊车与相关符号的意义：

吊车规格表中要求，吊车的轨道中心线距离纵向定位轴线均为 750mm，即吊车的跨度 $L_k$ 比屋架的跨度 $L$ 小 1500mm（图 4-28）。其中 $B$ 为吊车轨道中心线到吊车端部的距离（它的大小取决于吊车起重量，起重量越大 $B$ 也就越大）；$K$ 为吊车端部到厂房上柱内侧的安全空隙；$a_c$ 是为满足安全空隙（$K$）的需要，柱子向外扩增的尺寸，也就是非封闭式结合的联系尺寸。$h$ 为厂房上柱截面高度。

（2）吊车与联系尺寸的关系：

当吊车起重量等于或大于 30t 时，厂房柱承担的荷载就相应增大了，其柱断面和上柱的截面

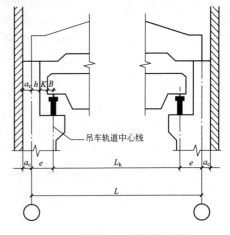

图 4-28 吊车与相关符号的意义

高度（$h$）也会增大；吊车起重量的加大，吊车轨中心到吊车端部的尺寸（$B$）和吊车运行的安全空隙（$K$）也相应增大。而吊车跨度和厂房屋架的跨度又不能随意地变动，这就满足不了吊车对安全空隙的要求。

例如吊车起重量 $Q$ 为 30/5t 时，其吊车参数 $B=300$，$K\geqslant80$，上柱 $h=400$

$K=e-B-h=750-300-400=50$　$50<80$（不满足安全空隙的要求）

为此，只有采用联系尺寸的办法将边墙柱或带封墙的柱，自该柱的纵向定位轴线向外移动一段距离（$a_c$），以确保吊车和厂房的安全。

因此在边柱处、高低跨和纵横跨处定位轴线的标定，就出现了非封闭式结合的轴线定位，如图 4-29 所示。

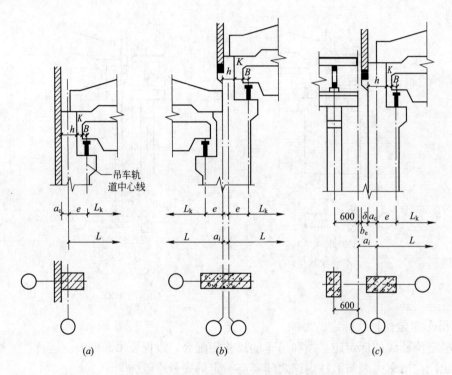

图 4-29　吊车起重量 ≥30t 时定位轴线的标定

（$a$）边柱处；（$b$）高低跨处；（$c$）纵横跨处

$a_i$—插入距；$\delta$—封墙厚度；$b_e$—变形缝宽；$a_c$—联系尺寸；

$e$—吊车轨中心到纵向定位轴线的距离；$L_k$—吊车轨之跨距；

$L$—厂房车间跨距

# 第5章  单层工业厂房的构造

## 5.1  承重结构的类型

一般单层工业厂房的承重结构有墙承重结构和骨架承重结构两种。

1. 墙承重结构

这种结构一般是由带壁柱的砖墙和钢筋混凝土屋架（或屋面梁）组成的。按承重构件所用的材料，可称为砖混结构。如果厂房设有吊车，则可在壁柱上设置吊车梁（图 5-1a）。为了节约材料的用量，也可将吊车轨道铺在砖墙上。为保证吊车行驶，砖壁柱和吊车梁以上的砖墙可向外移（图 5-1b）。

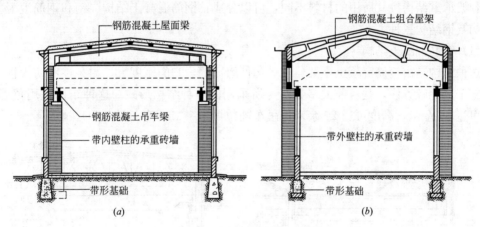

图 5-1  单层厂房墙承重结构

这种结构造价较低，能节约钢材和水泥，便于就地取材，施工方便；但由于受到砖强度的限制，只适用于跨度不大于 15m、檐口高度在 8m 以下、吊车吨位不超过 5t 的小型厂房。

2. 骨架承重结构

骨架承重结构是由横向骨架及纵向联系构件组成的承重系统（图 5-2）。

横向骨架由屋架（或屋面大梁）、柱和基础组成。它承受天窗、屋顶及墙等各部分传递的荷载以及构件自重。对于有吊车的厂房，它还要承受由吊车的静载与动载。所有这些荷载，最终均由柱子传至基础。

纵向联系构件由连系梁、吊车梁、屋面板（或檩）、柱间和屋架间的支撑等组成。它们的作用是保证骨架的稳定性，并承受山墙、天窗端壁的风力以及吊车引起的纵向水平荷载。这些荷载最后也通过柱传至基础。

骨架结构的外墙只起围护作用，除承受风力和自重外，不承受其他荷载。

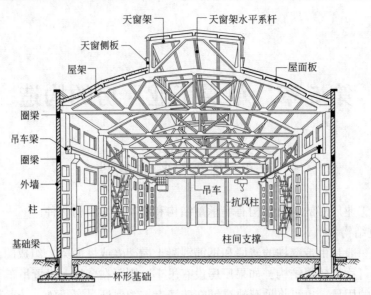

图 5-2 单层厂房骨架结构组成

　　骨架承重结构按其所用的材料不同,可以分成:钢筋混凝土结构、钢和钢筋混凝土混合结构及钢结构三种。

　　(1) 钢筋混凝土结构

　　这种结构是由钢筋混凝土屋架、柱等构件组成的。它的刚度大,耐久性和防火性均较好,施工也比较方便,是目前大多数厂房所采用的一种结构形式。这种结构适用范围广,跨度可达 30 余米,高度可达 20 余米,吊车吨位可达一二百吨(图 5-3a)。

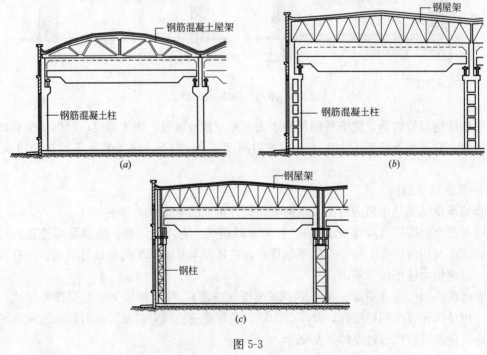

图 5-3

(a) 钢筋混凝土结构;(b) 钢—钢筋混凝土结构;(c) 钢结构

（2）钢—钢筋混凝土混合结构

这种结构是由钢屋架和钢筋混凝土柱组成的。一般用于大跨度的厂房。当厂房跨度较大，或者由于其他原因不适于采用钢筋混凝土屋架时，通常都采用这种结构形式（图 5-3b）。

（3）钢结构

这种结构是由钢屋架和钢柱组成的。它的承载能力大、刚度大、自重轻、抗振动；但耗用钢材也多，故一般只用于大型、重型、高温和振动荷载较大的厂房，如大型炼钢、铸钢、水压机车间以及有重型锻锤的锻工车间等（图 5-3c）。

## 5.2　装配式钢筋混凝土骨架结构

装配式钢筋混凝土结构的柱、基础、连系梁、吊车梁及屋顶承重结构（薄腹梁、桁架及屋面板）等都采用钢筋混凝土预制构件。国家有关部门已把全国各地区比较先进的、成熟的常用构件编制成了标准图，供有关设计单位选用。现把常用的构件形式和特征摘要介绍如下。

1. 柱

在无吊车的厂房中，柱截面常采用矩形，其尺寸不小于 300mm×300mm。

在有吊车的厂房中，一般在柱身伸出牛腿，以支承吊车梁。这时常用的柱截面有矩形、工字形以及双肢柱等。

矩形柱，截面有方形和长方形。其优点是外形简单，制作方便；但自重较大，费材料，适用于荷载较小的柱（图 5-4a）。

工字形柱截面形式较矩形柱更合理，较省材料，是目前采用较多的一种形式（图 5-4b）。工字形柱截面的尺寸一般有 400mm×600mm、400mm×800mm、500mm×1500mm 等。

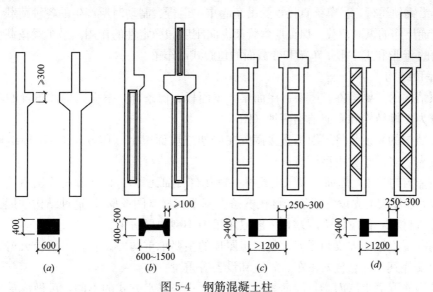

图 5-4　钢筋混凝土柱

（a）矩形柱；（b）工字形柱；（c）平腹杆双肢柱；（d）斜腹杆双肢柱

双肢柱是由两根主要承受轴向力的肢杆和联系两肢杆的腹杆组成（图 5-4c、d）。这样能充分利用混凝土的强度，自重轻，省材料。这种结构可使吊车的竖向荷载通过肢杆的轴线，受力合理，不需另设牛腿。但双肢柱本身的节点多，构造较复杂。当柱的长度和荷载都较大、吊车起重量大于 30t、柱截面的长度大于 1.5m 时，宜采用这种双肢柱。

双肢柱的腹杆有平腹杆和斜腹杆两种。平腹杆双肢柱的外形简单，制作方便；但其刚度和受力性能不如斜腹杆柱。斜腹杆双肢柱呈桁架形式，因此刚度好，受力性能也较好；但制作比较复杂。

2. 基础

装配式钢筋混凝土柱下面的独立基础，通常都使用杯形基础。柱安装在基础的杯口内（图 5-5）。

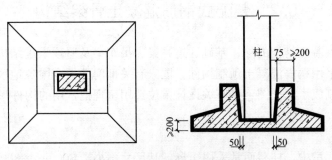

图 5-5　钢筋混凝土杯形基础

为了便于柱的安装，杯口尺寸应大于柱的截面尺寸。通常杯口顶每侧应大 75mm，杯口底则大 50mm 左右。杯口深度应满足柱的锚固长度的要求。柱吊装插入杯口后，经校正并用楔子固定，最后再用 C20 细石混凝土将柱与杯口间的缝隙填实。

3. 吊车梁

在设有桥式吊车或梁式吊车的厂房中，需在柱的牛腿上设置吊车梁。吊车梁上铺有钢轨，吊车沿钢轨运行。吊车梁直接承受吊车起重、运行、制动时所产生的各种荷载。它同时还起着传递厂房的纵向荷载、保证厂房骨架纵向刚度和稳定性的作用。吊车梁按截面形状分有等截面的 T 形和工字形吊车梁和变截面的鱼腹式吊车梁。

4. 屋顶结构

屋顶结构的主要构件有屋架、屋面梁、屋面板、檩条等。根据其构件布置的不同屋顶结构可分为无檩结构和有檩结构两种（图 5-6）。

无檩结构的屋顶是将屋面板直接搁置在屋架或屋面梁上（图 5-6a）。这种结构屋面较重，刚度大，多用于大中型厂房。

有檩结构的屋顶，屋面一般采用瓦材（槽瓦、石棉瓦等），由于瓦材无法直接搁置在屋架上，故需在屋架上先设置檩条，再在檩条上搁置瓦材（图 5-6b）。这种结构的屋顶，屋面重量轻，省材料，但屋面刚度差，一般只用于中小型的厂房中。

钢筋混凝土屋面大梁和屋架，是厂房屋顶的主要承重构件。它直接承受天窗、屋面荷载，以及安装其上的悬挂式吊车、管道和设备等重量。

（1）钢筋混凝土屋面梁：屋面梁根据跨度大小与排水方式的不同，可做成单坡的或双坡的（图 5-7a，b）。梁上弦的坡度一般为 1/12～1/10。梁的截面形式多为工字形，梁两端支座部分的腹板适当加厚，以增加其稳定性。

屋面梁的特点是制作简单、施工方便，易于保证质量，结构稳定性好，可以省去或简

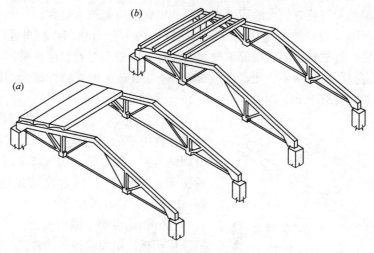

图 5-6　屋顶结构类型

(a) 无檩结构；(b) 有檩结构

化屋顶的支撑系统。但它的自重较大、用料较多，因而跨度不宜太大。一般，普通钢筋混凝土制成的屋面梁，跨度可达 15m，预应力的钢筋混凝土屋面梁，跨度则可达 18m 左右。

（2）钢筋混凝土屋架：钢筋混凝土屋架是由上弦杆、下弦杆和腹杆组成的。它的自重较屋面梁轻，因此可以用于较大的跨度。按屋架的外形，可以分为三角形、梯形、拱形、折线形屋架等各种形式（图 5-7c～f）。

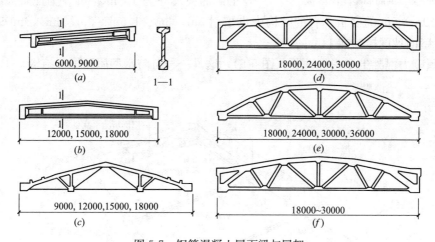

图 5-7　钢筋混凝土屋面梁与屋架

　　组合式屋架（图 5-7c），是三角形屋架中的一种。它的上弦和受压的腹杆为钢筋混凝土构件；下弦和受拉的腹杆则由角钢构成。这种形式的屋架能充分发挥材料的性能、自重较轻、节省材料，但它的刚度比较差，故不宜用于大跨度。目前常用的组合式屋架有 9m、12m、15m、18m 等几种跨度。

　　梯形屋架（图 5-7d），其外轮廓与屋面梁相似，唯腹板改为腹杆，因此重量减轻，可用在跨度较大的厂房中，现在常用的有 18m、24m、30m 等几种跨度。屋面坡度为 1/10～1/12，适于采用卷材防水屋面。由于坡度较小，用于高温车间和炎热地区，可避免出现屋面沥青流淌现象；屋面施工、修理、扫灰、除雪均较安全。当采用天井式或横向下沉式天窗时，由于要求在天窗处有较大的屋面高度，选用梯形屋架较为适宜。

拱形屋架（图 5-7e）的上弦杆呈拱形，使杆的内力分布均匀，材料强度得以充分利用。因此自重轻、省材料；但其端部坡度太大，在温度较高时卷材屋面易因沥青流淌而滑动。在施工和清扫屋面时均不方便，也不安全。一般在施工时常将屋架的端部垫高。目前常用的拱形屋架跨度有 18m、24m、30m 和 36m 几种。

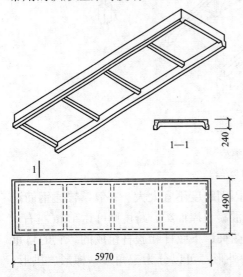

图 5-8　钢筋混凝土屋面板

折线形屋架（图 5-7f）的折线形上弦是由几段杆件组成的。它基本上保持了拱形屋架外形合理的特点，又改善了屋顶坡度。目前这种形式的屋架应用较广泛。常用跨度有 18m、21m、24m、27m、30m 等数种。

（3）钢筋混凝土屋面板

屋面板是屋顶的覆盖构件。按其尺寸大小来划分，有大型屋面板和小型屋面板两种。大型屋面板可直接搭接在屋架或屋面大梁上；小型屋面板，因其尺寸较小，要在屋架或屋面大梁上架设檩条，再将屋面板搭在檩条上。

1）预应力混凝土大型屋面板（图 5-8）。这种屋面板在无檩条屋顶结构中应用得最多。常用的屋面板尺寸为 1.5m×6m；为配合屋架尺寸，还配有 0.9m×6m 的嵌板。有的结构中也采用 3m×6m、1.5m×9m、3m×9m 等规格的屋面板。屋面坡度控制在 1/5～1/15。

2）预应力混凝土 F 形屋面板（图 5-9），这是一种自防水型屋顶覆盖结构。

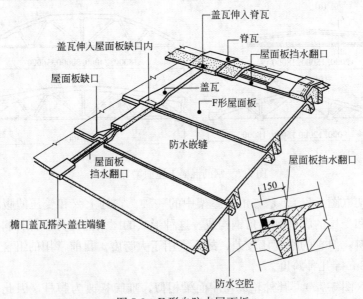

图 5-9　F 形自防水屋面板

板沿坡度上下搭接。横向缝用盖瓦盖缝；屋脊处用脊瓦盖缝。屋面坡度一般为 1/4。这种屋面刚度稍差，只适用于中小型非保温厂房。

3）钢筋混凝土檩条

钢筋混凝土檩条有预应力的和非预应力的两种，其常用的断面形式有 T 形和 L 形。

屋顶结构中构件的连接，如檩条、屋面板与屋架、屋面梁的连接；屋架、屋面梁与柱的连接等，一般均采用焊接（在焊接处预埋钢板）。

（4）天窗

在单层厂房中，为了合理解决厂房的采光和通风问题，常在屋顶上开设天窗。按天窗的主要用途可分为采光天窗、通风天窗及采光通风天窗三种。采光天窗是专为采光用的，在窗框上直接安装玻璃，不设能开启的窗扇。通风天窗则是专为通风设的，一般可做成开敞式洞孔，而不设玻璃。这种天窗排气稳定、通风效率高，多用在通风要求较高的高温车间。采光通风天窗则是兼起采光、通风两种作用。它一般都设有可开启的窗扇，关闭时，用以采光，并可保温；开启时则可用以调节通风量。这种天窗一般难以保证排气的稳定，从而影响通风效果。天窗的形式很多，常用的有矩形天窗、矩形避风天窗、下沉式天窗等。

1）矩形天窗与矩形避风式天窗

矩形天窗由天窗架、天窗扇、天窗屋顶、天窗侧板和天窗端壁组成。天窗架直接架设在屋架上，其两侧设置上悬式或中悬式的天窗扇；窗扇可做成单排的或上下双排的。窗扇之下设置天窗侧板，其作用在于防止屋面雨水流入或溅入室内；同时也可保证窗下有积雪时，不致影响窗扇的开关。天窗架之上做天窗屋顶，它的做法与厂房屋顶的做法相同。天窗的两端设天窗端壁。为了减轻屋架的荷载，所有这些结构通常都用较轻的构件做成（图 5-10）。矩形天窗多用于一般冷加工车间。但对于热加工车间，因矩形天窗在迎风面的窗口易形成正压，不能起排气作用（须关闭），而只由顺风一侧的窗扇通风，这就相应地减少了通风量。因此，一般高温车间常在天窗两侧加设挡风板，使天窗经常处于负压区。这样，可以保证天窗排气稳定并提高通风效率。此种天窗形式称为矩形避风天窗。根据使用要求，它可设窗扇，也可不设窗扇。挡风板可用石棉瓦或钢丝网水泥瓦等轻质材料来做，但需交圈设置（设端部挡风板）。挡风板下端距屋面应有 100mm 左右的距离，以利于排除雨雪（图 5-11）。

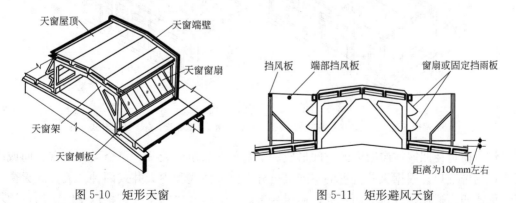

图 5-10 矩形天窗　　　　　　　图 5-11 矩形避风天窗

2）下沉式天窗

高温车间采用的矩形避风天窗。相当于在屋顶上再架设一个高 3～5m、宽6～12m 的长方形小厂房，从而增加了房屋的总高度，给施工吊装构件带来一定困难。同时，由于风荷载的增加，又必须加大柱子的截面和配筋。如遇风向与纵向天窗接近平行时还会出现排气倒灌现象，影响通风效果。

下沉式天窗弥补了矩形避风天窗的不足。它将部分屋面板铺在屋架下弦上，利用屋架本身的高度组成凹嵌在屋架中间形成下沉式天窗。这种天窗省去了天窗架和挡风板，降低了房屋的总高度和造价。但其构造较复杂，施工麻烦。下沉式天窗的形式很多，大致可归纳为三种。

① 横向下沉式天窗（图 5-12a）

把一个柱距内的屋面板全部铺在屋架下弦上，形成一条条的横向天窗。这种形式的天窗采光、通风效果都较好，不仅适宜于高温车间，也适用于一般车间。其防水、排水问题也容易解决。但屋面刚度受损，应考虑设置强力的支撑系统。

② 纵向下沉式天窗（图 5-12b）

这种天窗凹嵌在屋架中部（或设在屋架的两个端部），连成一条纵向的"胡同"，其两侧是两条排风口，它的通风效果和避风性能都与矩形避风天窗相似。为了改善其避风性能，可在"胡同"中加设挡板，分隔成一个个小的天井。这种天窗的缺点是它的屋架外露，因而屋架与下部屋面板间缝隙的防水处理较复杂。

③ 天井式天窗（图 5-12c、d）

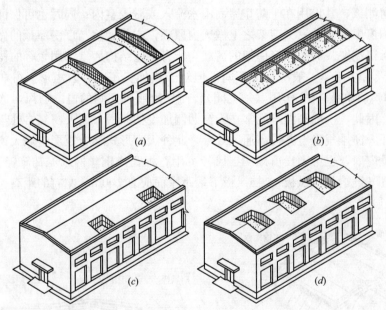

图 5-12　下沉式天窗

（a）横向下沉式天窗；（b）纵向下沉式天窗；（c）侧天井式天窗；（d）中天井式天窗

该天窗是使凹嵌在屋架内的空间形成一个个单独的矩形天井，每个天井都有三面或四面通风的排气口。根据天井位置的不同又可分为侧天井式和中天井式两种。天井式天窗由于三面或四面通风，其排气面积大，通风效果好。天窗井口的位置可根据车间中的热源灵活布置。侧天井式天窗的排水，排灰问题易于解决；中天井式天窗则必须采用内排水，扫灰也不如侧天井式天窗方便。

下沉式天窗是一种避风性能好、排气效率高、具有良好通风效果的新型天窗。其中以天井式下沉天窗优点最多。

## 5.3 围护结构构造

骨架结构的外墙与墙承重结构的外墙不同，它不承受荷载而只起围护作用。其材料有黏土砖、砌块、石棉水泥瓦、大型墙板等。

1. 外墙墙身构造

为简化构造和便于施工，一般厂房的外墙多砌筑在柱的外边，并支承在基础梁上。墙的厚度是根据保温的要求决定的。非寒冷地区一般采用一砖厚。由于受砖砌体自身强度所限，砖墙的高度一般不得超过 15m。如墙高超过 15m 时，则应在 15m 以下适当位置上设置连系梁，该梁搁置在边柱的外伸牛腿上，将上部砖墙的重量通过连系梁传递给边柱来承担（图 5-13）。连系梁支撑在柱的牛腿上，并通过螺栓或焊接与支柱牢固连接在一起。除了把砖墙的重量传递给支柱外，连系梁还能增加厂房纵向的刚度。因此，有时虽然厂房高度在 15m 以下，但需要加强厂房纵向刚度时，也在边柱上设连系梁。

在厂房的纵横跨、高低跨交接处，为了支承封墙的重量，也需要在高跨柱的牛腿上设连系梁（图 5-14）。

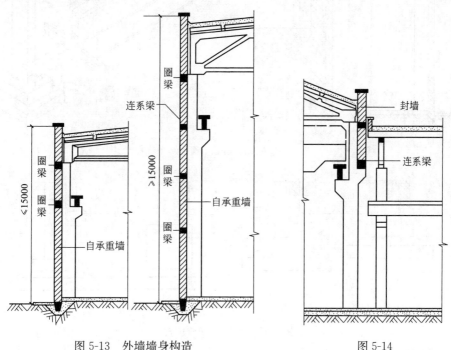

图 5-13 外墙墙身构造　　　　　　　图 5-14

为了保证砖墙本身的稳定性，除了连系梁能起一定的作用外，通常还要设一道或几道圈梁。圈梁的位置一般多在柱顶、吊车梁、窗过梁等处。通常每隔 4～6m 间距设置一道圈梁；而在墙身有连系梁处则可不再设圈梁。

除了连系梁、圈梁与柱连接以外，为了加强外墙的稳定性，外墙本身也要用钢筋与柱相连接。为此，沿柱高度每隔 500～600mm 伸出一组锚拉钢筋，砌墙时，将这些钢筋砌在砖墙的水平砖缝中（图 5-15）。在屋顶处也需用锚拉钢筋将外墙与屋面板或屋架拉牢。

2. 基础梁

在钢筋混凝土骨架结构的厂房中，外墙下一般不设基础，而将外墙砌筑在基础梁上。基础梁两端搁置在柱基础的杯口上（图 5-16）。这样，当厂房沉降时，外墙可与柱一起沉降，以避免墙体开裂。室内的地下管道通向室外时可以从基础梁下面穿过，使得施工很方便。基础梁顶面一般应低于室内地面 50～100mm，以免影响开门。同时，基础梁也应高出室外地坪 100～150mm，以使基础梁兼起墙身防潮层的作用，并作为墙身的一部分。如果柱的基础埋置较深时，根据基础埋深情况的不同，基础梁也可以搁置在基础杯口上加设的混凝土块上、放在高杯口基础上或放在柱子的牛腿上（图 5-17）。

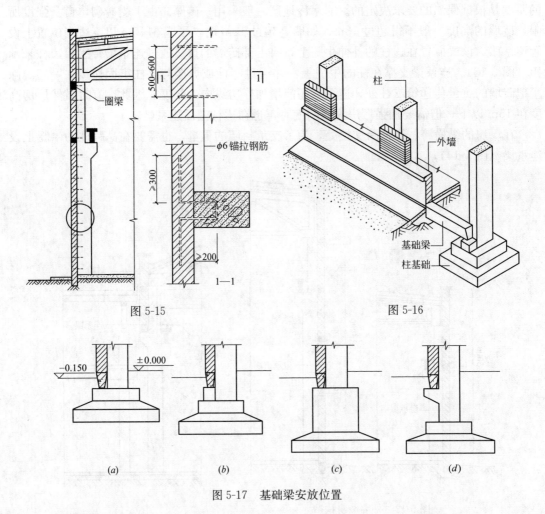

图 5-15　　　　　　　　　　　　　　　　图 5-16

图 5-17　基础梁安放位置

在寒冷地区或上部荷载较大的厂房，要求基础梁四周铺上干砂或矿渣等松散材料做保护层，以免外墙与地面的交接处，在冬季产生凝结水或结冰；同时这也可以调节由于柱基础下沉时，土壤给基础梁的反力（图 5-18a）。在严寒地区，当地基为冻胀土壤时，可在基础梁下预留一定的空隙（图 5-18b）。

3. 屋顶

厂房屋顶除应满足与民用建筑屋顶相同的防水、保温、隔热、通风等要求外，还应考

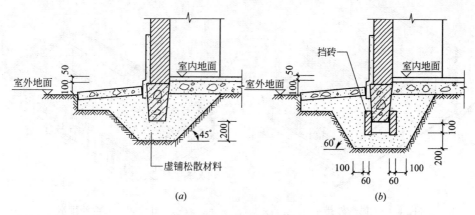

图 5-18　基础梁防冻做法

虑吊车传来的冲击、振动荷载以及散热和防爆等要求。为了提高施工速度，屋顶应尽量采用预制装配式结构与构件。

单层厂房屋顶通常不设顶棚，以便于利用上部空间和设置天窗，同时也节约造价。屋顶一般均做成坡顶形式。为便于排水，做成双面找坡或多面找坡。在纵横跨相交处通常屋顶不以找坡的手法处理，而做成山墙出屋面的形式。这样可以简化构造。关于单层厂房屋顶的结构类型，已在本章 5.2 节叙述过，这里只介绍一下屋面的防水、排水方式及有关构造。

（1）屋面排水

屋面排水方式分为有组织排水和无组织排水两种。如屋面设置天沟、檐沟、雨水口、雨水管等设备，对屋面雨水进行有组织的疏导，则称为有组织排水；如屋面上不设排水设备，屋面雨水由檐口自由落到地面，则称为无组织排水。

无组织排水比较节省材料，施工也方便；但在多雨地区，大量雨水从檐口落下，会淋湿墙面及窗口。在寒冷地区的采暖或有余热的厂房中，冬季流至檐口的雪水会结成冰挂，从而拉坏檐口。故只在少雨地区或在高度较低的厂房中才考虑采用无组织排水。

根据排水管道的布置位置，有组织排水又可分为天沟外排水、内排水和悬吊管外排水三种。

1）天沟外排水：是将屋面雨水排至檐沟，再经雨水管流入室外明沟（图 5-19）。多跨厂房的内天沟总长在 100m 以内时，雨水也可以由两端山墙处的雨水管排出（图 5-20）。天沟外排水，管道不经过室内，用料较省，检修方便，但在寒冷地区，因冬季融雪易将雨水管冻结堵塞，故不宜采用此种排水方式。

2）内排水：内排水是将屋面雨水通过天沟、雨水口和室内立管，从地下管沟排出（图 5-21）。大面积多跨厂房的中间部分以及寒冷地区的厂房，常采用此种排水方式。内排水的构造比较复杂，消耗管材较多，造价和维修费高。此外，地下排水管沟易与地下其他管道、工艺管线及设备基础等产生矛盾，设计时应注意妥善处理。

3）悬吊管外排水：为了避免厂房内地下的雨水管沟与工艺设备、管线发生矛盾，在设备和管沟较多的多跨厂房中，可采用悬吊管外排水方式。它是把天沟中的雨水经过悬吊管引向外墙处排出的。

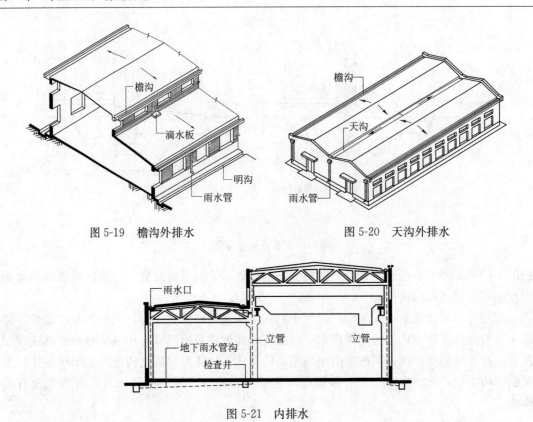

图 5-19　檐沟外排水　　　　　　　　　　　图 5-20　天沟外排水

图 5-21　内排水

雨水立管可设于室内，也可设于室外（图 5-22）。悬吊管一般采用铸铁管，根据需要，也可采用钢管。这种排水方式较费材料；此外，水管表面易产生凝结水，滴落时影响生产。采用哪种排水方式，应根据厂房的平、剖面形状、面积、生产使用要求以及当地气候条件等综合考虑。在技术经济合理的情况下，应尽可能采用天沟外排水。当天沟过长时，可采用两端外排水，中间内排水或悬吊管外排水的混合排水方式。中小型厂房，则应因地制宜，多采用无组织外排水。

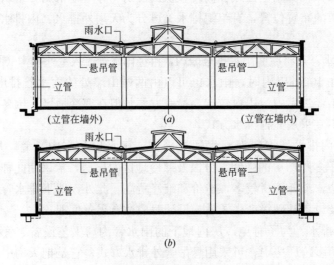

图 5-22　悬吊管外排水

（2）屋面防水

单层厂房的屋面构造与民用建筑平屋顶一样，有保温屋面和不保温屋面两种。屋面防水做法有：卷材防水屋面、刚性防水屋面、钢筋混凝土构件自防水屋面以及瓦材屋面等。

1）卷材防水屋面

这种屋面在我国单层厂房中应用最广泛。它一般可做在钢筋混凝土屋面板上，其构造层次和做法与民用建筑平屋顶卷材防水屋面做法相同，这里不再赘述。图 5-23 表示了屋面排水天沟的构造。当采用内排水时，天沟内设有雨水口，下接雨水管。雨水口的间距一般采用 18~24m，并应与柱间距尺寸相配合。在寒冷地区天沟不设保温层，以利雪水融化和排除。天沟内铺低标号混凝土找坡，其纵向坡度一般在 0.005~0.01 之间。

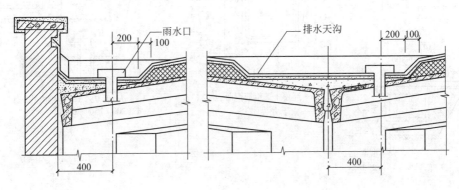

图 5-23　排水天沟构造示意图

2）构件自防水屋面

这种屋面指的是利用屋面构件（如大型屋面板、F 形屋面板等）自身的混凝土密实度来达到防水目的的屋面。在不要求做保温和隔热的厂房中，采用钢筋混凝土构件自防水屋面，可以充分发挥构件的作用，节省材料，降低造价。但要求材料、构造设计及施工都必须保证质量，才能取得防水效果。

为了防止钢筋混凝土自防水构件的混凝土表面炭化而引起钢筋锈蚀，一般需在板面上满涂一层防水涂料。这样也同时提高了板面的抗渗性能。

3）石棉水泥瓦屋面

这种屋面材料自重轻，施工方便，造价低，但材料脆性大，在运输和施工、使用过程中容易破碎；保温性能也较差。一般只用于保温要求不高的小型厂房或仓库中。这种屋面的构造是将石棉水泥瓦搭在檩条上，屋面坡度为 1:2.5~1:3。

4. 地面

厂房地面材料及构造做法的选择，主要取决于生产使用上的要求，在有工人操作的地段，还应满足劳动卫生安全方面的要求。如精密仪器和仪表的车间，要求地面不起尘；有化学侵蚀的车间，要求地面有足够的抗腐蚀能力；有辐射热的车间，要求地面防火、防软化；经常有水的地面，则应设置排水坡度等。工业厂房地面构造与民用建筑的地面构造大致相同，一般由面层、垫层和基层组成。有特殊要求时，可增设结合层、找平层、隔离层等。

工业厂房的地面强度至关重要，某些厂房要进车或加工荷载较大的工件，因此厂房地面垫层的用材与厚度要通过结构计算而定。

　　一般厂房内地面不设坡度。但在生产过程中有水或其他液体需要排除的,或需经常清洁的地面,可设置排水沟,地面向排水沟找坡。坡度大小与地面面层材料的光滑程度有关,一般为1‰~2‰,最大不宜超过4‰。排水沟多数靠墙根设置。一般为明沟,沟宽为100~200mm;过宽时,应加设盖板或篦子。沟底最浅处为100mm,沟底纵向坡度一般为0.5‰(图5-24)。

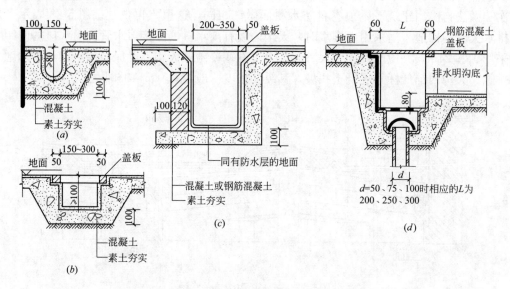

图5-24 厂房地面排水沟断面形式(单位:mm)

# 第6章 城市及居住区规划简介

## 6.1 城 市 规 划

城市规划的任务是根据国民经济的发展计划，在全面研究区域经济发展的基础上，根据历史和自然条件，确定在什么地方建设城市，建设怎样性质和规模的城市。在城市功能布局上要解决好如何满足生产、生活的需要，使各项建设具备可靠的技术、经济性能，为居民创造一个生活舒适，景色宜人的城市环境。这就必须认真地编制城市规划，并以城市规划为依据，进行城市建设和管理。

1. 城市规划工作的内容

城市建设是国家经济和文化建设的一个重要组成部分。要想有计划地、合理地建设城市，就必须切实做好城市规划工作。

城市规划工作的基本内容有如下几方面：

(1) 调查、搜集和研究城市规划工作所必需的基础资料。

1) 城市技术经济资料。如城市所在地区自然资源的分布和开采利用等资料；城市人口资料；城市土地利用资料；工矿、企事业等单位的现状及发展的技术经济指标等。

2) 城市自然条件资料。如规划地区的地形、地貌、气象、水文地质和地震等资料。

3) 城市现有建筑物及工程设施资料。

4) 城市环境及其他资料。

(2) 根据国民经济计划，在区域规划的基础上，结合城市本身发展条件，提出城市规划任务书，确定城市性质和发展规模，拟订城市发展的各项技术经济指标。

1) 城市的性质。我国的城市，按性质和功能可分为：

① 国家、省和地区级的行政、经济、文化中心城市，如首都、省会等，具有综合性职能。

② 以某种经济职能为主的城市，一般是以工业生产为主，也包括交通枢纽、渔业、林业等职能。

③ 特殊职能的城市。如革命圣地、风景名胜的旅游城市。

2) 城市的规模。指市区和郊区非农业人口的总数，世界各国城市规模分类的标准不同。在我国按人口规模城市可分为四类：

第一类　100 万人口以上为特大城市；

第二类　50 万～100 万人口为大城市；

第三类　20 万～50 万人口为中等城市；

第四类　20 万人口以下为小城市。

(3) 合理选择城市各项建设用地，确定城市规划的结构，并考虑城市长远的发展方向。

城市用地分下列几类：

1）生活居住用地。包括居住用地、公共建筑用地、公共绿地及道路广场用地等。

2）工业用地。主要指工业生产用地，包括工业用地上的工厂、动力设施、仓库、工厂内的铁路专用线和厂内卫生防护用地等。

3）对外交通运输用地。主要布置城市对外交通运输设施用地，包括铁路、公路的线路和各种站场用地、港口码头、民用机场和防护地带等用地。

4）仓库用地。专门用来存放生活与生产资料的用地，包括国家储备仓库、地区中转仓库、市内生活供应仓库、工业储备仓库、危险品仓库及露天堆场等用地。

5）公用事业用地。公用设施和工程构筑物的用地，如净水厂、污水处理厂、煤气厂、变电所、市内公共客运的站场和修理厂、消防站、各种管线工程及其构筑物、防洪堤坝、火葬场及公墓等用地。

6）防护用地。主要指居住区与工厂、污水处理、公墓、垃圾场等地段之间的隔离地带，水源保护、防风和防沙林带等用地。

7）其他用地。如监狱、军事基地以及文物和自然保护区等。不属于以上项目的其他城市建设用地。

（4）拟订城市建设艺术布局的原则和规划方案。

（5）拟订旧市区的利用、改建的原则、步骤和办法。

（6）确定城市各项市政设施和工程措施的原则和技术方案。

（7）根据城市基本建设的计划，安排近期建设项目并为各单项工程提供设计依据。

2. 城市规划的工作阶段

城市规划工作按其内容和深度的不同，一般分为总体规划和详细规划两个阶段。

（1）总体规划

总体规划的主要任务是，确定城市的性质、规模和发展方向，对城市建设布局进行全面安排和综合平衡，制定出实施规划方案的步骤和措施。

总体规划是城市发展的长远目标，规划期限一般为 20 年，同时还须考虑近期建设规划，期限一般为 5 年。

总体规划的内容有：

1）确定城市性质和发展方向，估算人口规模，选定各项技术经济指标和计算用地规模。

2）选择城市用地，确定规划区范围，划分城市用地功能分区，统筹安排工业、对外交通运输、仓库、生活居住、文教科研单位和绿化等用地。

3）布置城市道路系统，确定交通枢纽工程，如车站、港口码头、机场和交通运输设施的位置。

4）提出大型公共建筑的分布规划及其位置。

5）确定城市主要广场的位置，道路交叉口形式，主、次干道断面，主要控制点的坐标和标高。

6）拟订市政工程和城市园林绿化的规划。

7）提出人防、抗震和环境保护等方面的规划措施。

8）制定改造城市旧区的规划。

9）综合布置郊区的农业、工业、林业、交通、城镇居民点用地，蔬菜副食品生产基地，地方建筑材料和施工基地用地，郊区绿化和风景区，以及其他各项工程设施。

10）安排近期建设用地，并提出主要建筑项目，确定建设步骤。

11）估算城市近期建设总投资，总体规划图的内容和深度详附图。总体规划图的比例，一般用五千分之一或一万分之一。

规划制定后，中央直辖市的总体规划，报国务院审批；省会、自治区首府、特大城市以及国家指定的重点城市的总体规划，由所在省、自治区人民政府审查同意后，报国务院审批。其他市、镇、县和工矿区的总体规划，由所在省、市、自治区人民政府审批。

（2）详细规划

详细规划是总体规划的深化和具体化，要求对城市近期建设区域内的各项建设作出具体的布置，作为修建设计的依据。

1）详细规划内容包括：

① 确定道路红线、道路断面、居住区及专用地段主要控制的坐标和标高。

② 确定各类建筑、公共绿地、公共活动场地、道路广场等项目的具体位置和用地。

③ 综合安排专用地段以外的各项工程管线、工程构筑物的位置和用地。

④ 主要干道和广场建筑群的平面、立面规划设计。

2）详细规划的图纸和文件包括：

① 规划地段的现状图。须标明建筑物、构筑物、道路、绿地、管线工程及人防工程等现状。

② 详细规划总平面图。须标明各类用地界线、建筑物、构筑物、道路、绿化、管线工程和人防工程的位置；标出哪些是保留的现状，哪些是新规划的。

③ 道路和竖向规划图。须标明道路界线、断面、宽度、长度、坡度、曲线半径、交叉点和转折点的标高、地形的设计处理等。

④ 各项工程设施的综合图。须标明各项管线工程的平面位置、标高、坡度、相互之间的关系等。

⑤ 规划说明和技术经济分析。包括说明规划意图的各种技术经济分析。

3）详细规划的深度：应满足修建设计和各项工程编制扩初设计的需要。图纸比例，一般用 1：2000，也可用 1：500 或 1：1000，视具体要求而定。

3. 规划图例

为保证规划任务顺利地完成，规划专业与规划相关的各专业，包括给水排水专业之间，需要密切配合。为此，相互间必须有共同交流的"规划语言"。"规划语言"的基本辞藻是由地形图图例（表 6-1）和总图图例（表 6-2）组成的。

地 形 图 图 例                                                    表 6-1

| 名称 | 图例 | 名称 | 图例 |
|------|------|------|------|
| 三角点 | Ⅲ21 394.452 3.0 | Ⅰ、Ⅱ级导线点 | Ⅱ 1257.32 2.0 2.0 |

| 名称 | 图例 | 名称 | 图例 |
|---|---|---|---|
| 埋石图根点 | $\dfrac{6}{478.53}$ | 铁丝网 | |
| 未埋石图根点 | $\dfrac{18}{167.49}$ | 篱笆 | |
| 水准点 | $\dfrac{IX5}{369.261}$ | 围墙 | |
| 永久性房屋 | 永3 | 公路桥 | |
| 简易房屋（土、木、草） | 土 | 拦水坝 | |
| 棚 | | 水闸 | |
| 地上温室、菜窖、花房 | 温 | 涵管及涵洞 | 涵管　涵洞 |
| 半地下温室、菜窖、花房 | 菜 | 水塔 | |
| 公路 | | 消火栓 | |
| 大车道 | | 消火栓井 | |
| 人行小道 | | 雨水口 | |
| 高压电线 | | 检修井 | |
| 低压电线 | | 填挖边坡 | |

**总平面部分图例**　　　　　　　　　　　　　　　表 6-2

| 序号 | 名称 | 图例 | 序号 | 名称 | 图例 |
|---|---|---|---|---|---|
| 1 | 新建建筑物 | 6<br>▲ 入口<br>在图形内右上角用数字或圆点数表示层数;<br>建筑物外形(一般以外墙定位轴线或外墙面线为准)用粗实线表示。需要时,地面以上建筑用中粗实线表示,地面以下建筑用细虚线表示 | 12 | 围墙及大门 | 实体围墙(仅表示围墙不画大门)<br>通空围墙(仅表示围墙不画大门) |
| 2 | 原有建筑物 | 用细实线表示 | 13 | 挡土墙 | 被挡土在"突出"一侧 |
| 3 | 计划扩建的预留地或建筑物 | 用中粗虚线表示 | 14 | 挡土墙上设围墙 | 被挡土在"突出"一侧 |
| 4 | 拆除的建筑物 | 用细实线表示 | 15 | 露天桥式起重机 | "+"为柱子位置 |
| 5 | 建筑物下面的通道 |  | 16 | 露天电动葫芦 | "+"为柱子位置<br>"+"为支架位置 |
| 6 | 散状材料露天堆场 |  | 17 | 门式起重机 | 有外伸臂起重机<br>无外伸臂起重机 |
| 7 | 其他材料露天堆场 |  | 18 | 坐标(大地坐标) | X=-47.851<br>Y=-3.015 |
| 8 | 冷却塔(池) |  | 19 | 坐标(建筑坐标) | A=-47.851<br>B=-3.015 |
| 9 | 烟囱 | 实线为烟囱下部直径<br>虚线为基础 | 20 | 方格网交叉点标高 | 施工高度 \| 设计标高<br>-0.60 \| 77.85<br>78.35<br>负号为挖方 \| 原地面标高 |
| 10 | 道路脊线与谷线 | 脊线<br>谷线 | 21 | 填方区、挖方区及未整平区点画线为零点线 | 填方区<br>未整平区<br>挖方区 |
| 11 | 新建道路的标注 | "R9"表示道路转弯半径为9m<br>R9 "0.6"表示0.6%的纵向坡度<br>"101.00"表示变坡点间距离<br>路面中心控制点标高 | | | |

111

# 6.2　居住区规划

　　居住区是构成城市的主要组成部分。它的规划任务是为居民创造一个安全舒适的居住环境。随着社会的发展与进步，人们对居住环境的要求也越来越高，越来越迫切。在居住区内，除了布置住宅外，还须布置居民日常生活中所需的各类公共服务设施、绿地、道路、停车场地和居民活动场地等。为了统一要求和便于管理，制定了一系列的规范标准。

　　常用术语

　　(1) 居住小区：一般称小区，是指被城市道路或自然分界线所围合，并与居住人口规模（10000～15000 人）相对应，同时要配建一套公共服务设施的聚居地。

　　(2) 居住组团：一般称组团，是指由小区道路分隔，并与居住人口规模（1000～3000 人）相适应，并配建一套居民基层公共服务设施的聚居地。

　　(3) 居住区用地：系指居住区内的住宅用地、公建用地、道路用地和公共绿地等四项用地的总称。

　　(4) 住宅用地：住宅建筑基底占地及其四周合理间距内的用地（含宅间绿地和宅间小路等）的总称。

　　(5) 公共服务设施用地：一般称公共用地，是与居住人口规模相对应配套建设的，为居民服务的各类设施的用地，它包括建筑基底占地及其所属场院、绿地和停车场等。

　　(6) 道路用地：居住区道路、小区路、组团路及非公建配建的居民小汽车、单位通勤车等停放场地。

　　(7) 居住区（级）道路：一般用以划分小区的道路。在大城市中通常与城市支路同级。

　　(8) 小区（级）路：一般用以划分组团的道路。

　　(9) 组团（级）路：上接小区路、下连宅间小路的道路。

　　(10) 宅间小路：住宅建筑之间连接各住宅入口的道路。

　　(11) 公共绿地：满足规定的日照要求、适合于安排游憩活动设施的、供居民共享的集中绿地，包括居住区公园、小游园和组团绿地及其他块状带状绿地等。

　　(12) 配建设施：与人口规模或与住宅规模对应配套建设的公共服务设施、道路和公共绿地的总称。

　　(13) 其他用地：规划范围内除居住区用地以外的各种用地，应包括非直接为本区居民配建的道路用地、其他单位用地、保留的自然村或不可建设的用地等。

　　(14) 公共活动中心：配套公建相对集中的居住区中心、小区中心和组团中心等。

　　(15) 道路红线：城市道路（含居住区级道路）用地的规划控制线。

　　(16) 建筑线：一般称建筑控制线，是建筑物基底位置的控制线。

　　(17) 日照间距系数：根据日照标准确定的房屋间距与遮挡房屋檐高的比值。

　　(18) 建筑小品：既有功能要求，又具有点缀、装饰和美化作用的、从属于某一建筑空间环境的小体量建筑、游憩观赏设施和指示性标志物等的统称。

　　(19) 人口毛密度：每公顷居住区用地上容纳的规划人口数量（人/$hm^2$）。

　　(20) 人口净密度：每公顷住宅用地上容纳的规划人口数量（人/$hm^2$）。

（21）建筑面积毛密度：也称容积率，是每公顷居住区用地上拥有的各类建筑的建筑面积（万 $m^2/hm^2$），或以居住区总建筑面积（万 $m^2$）与居住区用地（万 $m^2$）的比值表示。

（22）住宅建筑净密度：住宅建筑基底总面积与住宅用地面积的比率（％）。

（23）建筑密度：居住区用地内，各类建筑的基底总面积与居住区用地的比率（％）。

（24）绿地率：居住区用地范围内各类绿地的总和占居住区用地的比率（％）。绿地应包括：公共绿地、宅旁绿地、公共服务设施所属绿地和道路绿地（即道路红线内的绿地），其中包括满足当地植树绿化覆土要求、方便居民出入的地下或半地下建筑的屋顶绿地，不应包括屋顶、晒台的人工绿地。

（25）停车率：指居住区内居民汽车的停车位数量与居住户数的比率（％）。

（26）地面停车率：居民汽车的地面停车位数量与居住户数的比率（％）。

（27）拆建比：拆除的原有建筑总面积与新建的建筑总面积的比值。

# 6.3 城市工程管线综合

1. 工程管线综合的分段

配合城市规划设计的不同阶段，管线综合可分为：规划综合；初步设计综合；施工详图的检查等三个阶段。

（1）规划综合 指在城市总体规划阶段，各类管线提出宏观上的布置原则，如干管的走向，其具体位置一般不做定论。

（2）初步设计综合 指在城市详细规划阶段，要求各类管线不仅在平面上定位，竖向上也要定位。经初步设计综合，对相关工程提出修改建议。

（3）施工详图的检查 在城市规划实施阶段，一些复杂的管线交叉处由于工程的深化，会产生新的矛盾。为此，有必要对施工图的详图加以综合核对。

2. 工程管线的分类

城市管线，按其性质用途可分为下列几类：

（1）给水管道：包括工业、生活和消防用水的管道。

（2）中水管道：输送处理过的污水（不可作饮用水）管道。

（3）排水管道：污水、雨水管道。

（4）电力线：高压、低压输电线路。

（5）通信线：电话、电视、宽带等线路。

（6）热力管道：热水和蒸气管道。

（7）燃气管道：煤制气、天然气等管道。

在工业区和工厂内，还有一些其他管道，如氧气、乙炔、液体燃料管道、排灰、排渣及化工专用管道等。

3. 管线工程综合布置的原则

（1）厂界、道路、管线的定位都要采用统一的城市坐标系统及标高系统。厂内的管线也可采用自定义的坐标系统（相对坐标系统）。

（2）地下管线由建筑物外墙向道路中心线方向平行布置，其位置根据管道性质及埋设深度来决定。可燃、易燃及损坏时对建筑物有危害的管道，应离建筑物远一些，埋设深度大的也要距建筑物远一些。其埋设次序为：电力电缆、通信电缆、燃气管道，热力管道、给水管道、雨水管道、污水管道等。

（3）管线的平面布置，应做到路线短、转弯少，减少与道路、铁路的交叉和管线间的交叉。必须交叉时尽可能成直角交叉。

（4）管线冲突时，一般是按小管让大管；临时管让永久管；可弯曲管线让不易弯曲的管线等原则进行敷设。

（5）干管应靠近负荷较大的一侧来敷设。

各类管道的埋设，其水平、垂直的净距离，规范上都有明确的规定。

以居住区为例，管道埋设必须与城市管线衔接。埋设的距离见表6-3～表6-6。

**各种地下管线之间的最小水平净距（m）**　　表6-3

| 管线名称 | | 给水管 | 排水管 | 燃气管 | | | 热力管 | 电力电缆 | 电信电缆 | 电信管道 |
| --- | --- | --- | --- | --- | --- | --- | --- | --- | --- | --- |
| | | | | 低压 | 中压 | 低压 | | | | |
| 排水管 | | 1.5 | 1.5 | — | — | — | — | — | — | — |
| 燃气管 | 低压 | 0.5 | 1.0 | — | — | — | — | — | — | — |
| | 中压 | 1.0 | 1.5 | — | — | — | — | — | — | — |
| | 高压 | 1.5 | 2.0 | — | — | — | — | — | — | — |
| 热力管 | | 1.5 | 1.5 | 1.0 | 1.5 | 2.0 | — | — | — | — |
| 电力电缆 | | 0.5 | 0.5 | 0.5 | 1.0 | 1.5 | 2.0 | — | — | — |
| 通信电缆 | | 1.0 | 1.0 | 0.5 | 1.0 | 1.5 | 1.0 | 0.5 | — | — |
| 通信管道 | | 1.0 | 1.0 | 1.0 | 1.0 | 2.0 | 1.0 | 1.2 | 0.2 | — |

注：1. 表中给水管与排水管之间的净距，适用于管径≤200mm，当管径＞200mm时应≥3.0m；

　　2. 当电压≥10kV时，电力电缆与其他任何电路电缆之间净距应不小于0.25m，如加套管，净距可减至0.10m；电压＜10kV，电力电缆之间净距应≥0.10m；

　　3. 低压燃气的压力≤0.005MPa，中压为0.005～0.30MPa，高压为0.30～0.80MPa。

**各种地下管线之间的最小垂直净距（m）**　　表6-4

| 管线名称 | 给水管 | 排水管 | 燃气管 | 热力管 | 电力电缆 | 电信电缆 | 电信管道 |
| --- | --- | --- | --- | --- | --- | --- | --- |
| 给水管 | 0.15 | — | — | — | — | — | — |
| 排水管 | 0.40 | 0.15 | — | — | — | — | — |
| 燃气管 | 0.15 | 0.15 | 0.15 | — | — | — | — |
| 热力管 | 0.15 | 0.15 | 0.15 | 0.15 | — | — | — |
| 电力电缆 | 0.15 | 0.50 | 0.50 | 0.50 | 0.50 | — | — |
| 电信电缆 | 0.20 | 0.50 | 0.50 | 0.15 | 0.50 | 0.25 | 0.25 |
| 通信管道 | 0.10 | 0.15 | 0.15 | 0.15 | 0.50 | 0.25 | 0.25 |
| 明沟沟底 | 0.50 | 0.50 | 0.50 | 0.50 | 0.50 | 0.50 | 0.50 |
| 涵洞基底 | 0.15 | 0.15 | 0.15 | 0.15 | 0.50 | 0.20 | 0.25 |
| 铁路轨底 | 1.00 | 1.20 | 1.00 | 1.20 | 1.00 | 1.00 | 1.00 |

**各种管线与建、构筑物之间的最小水平间距（m）**　　　　表 6-5

| 管线名称 | | 建筑物基础 | 地上杆柱（中心） | | | 铁路（中心） | 城市道路侧石边缘 | 公路边缘 |
| --- | --- | --- | --- | --- | --- | --- | --- | --- |
| | | | 通信、照明及<10kV | ≤35kV | >35kV | | | |
| 给水管 | | 3.00 | 0.50 | 3.00 | | 5.00 | 1.50 | 1.00 |
| 排水管 | | 2.50 | 0.50 | 1.50 | | 5.00 | 1.50 | 1.00 |
| 燃气管 | 低压 | 1.50 | 1.00 | 1.00 | 5.00 | 3.75 | 1.50 | 1.00 |
| | 中压 | 2.00 | | | | 3.75 | 1.50 | 1.00 |
| | 高压 | 4.00 | | | | 5.00 | 2.50 | 1.00 |
| 热力管 | 直埋 2.5 | | 1.00 | 2.00 | 3.00 | 3.75 | 1.50 | 1.00 |
| | 地沟 0.5 | | | | | | | |
| 电力电缆 | | 0.60 | 0.60 | 0.6 | 0.60 | 3.75 | 1.50 | 1.00 |
| 通信电缆 | | 0.60 | 0.50 | 0.60 | 0.60 | 3.75 | 1.50 | 1.00 |
| 通信管道 | | 1.50 | 1.00 | 1.00 | 1.00 | 3.75 | 1.50 | 1.00 |

注：1. 表中给水管与城市道路侧石边缘的水平间距为 1.00m 时，适用于管径≤200mm，当管径>200mm时，应≥1.50m；

2. 表中给水管与围墙或篱笆的水平间距为 1.5m 时，适用于管径≤200mm，当管径>200mm 时，应≥2.50m；

3. 排水管与建筑物基础的最小水平间距，当埋深浅时与建筑物基础应≥2.50m；

4. 表中热力管与建筑物基础的最小水平间距：对于管沟敷设的热力管道为 0.50m；对于直埋闭式热力管道管径≤250mm 时为 2.50m，管径≥300m 时为 3.00m；对于直埋开式热力管管道为 5.00m。

**管线、其他设施与绿化树种间的最小水平净距（m）**　　　　表 6-6

| 管线名称 | 最小水平净距 | |
| --- | --- | --- |
| | 至乔木中心 | 至灌木中心 |
| 给水管、闸井 | 1.50 | 1.50 |
| 污水管、雨水管、探井 | 1.50 | 1.50 |
| 燃气管、探井 | 1.20 | 1.20 |
| 电力电缆、通信电缆 | 1.00 | 1.00 |
| 电信管道 | 1.50 | 1.00 |
| 热力管 | 1.50 | 1.50 |
| 地上杆柱（中心） | 2.00 | 2.00 |
| 消防龙头 | 1.50 | 1.20 |
| 道路侧石边缘 | 0.50 | 0.50 |

4. 地下管线和道路横断面的关系

管线埋设尽可能埋在人行道或非机动车道下，便于管线的维修（图 6-1）。管线在初步设计综合阶段，根据管线埋设的要求对道路横断面设计提出修改建议。

5. 管线交叉点标高控制

管道应避免交叉布置，非交叉不可时应绘制 1∶500 的管道交叉标高平面图。图中标明管道交叉处的地坪标高，交叉管线的类型、型号，管外壁底与顶部的标高，如图 6-2 所示。此图应标明管线工程初步设计综合图上的交叉口的编号，每个交叉口的各种管线的地面标高、管底标高、净距等。图 6-2 中的箭头方向表示雨水、污水管道中的水流方向。

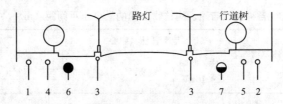

图6-1  道路横断面与管道埋设示意

1—电信电缆；2—电力电缆；3—路灯电缆；4—燃气管道；

5—给水管道；6—雨水管道；7—污水管道

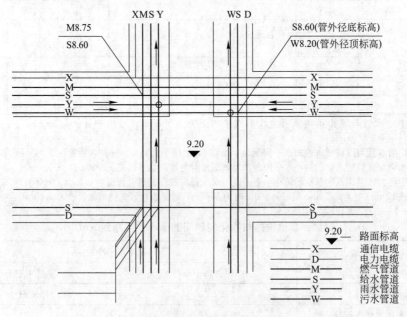

图6-2  管道交叉处标高标注图

# 主要参考文献

［1］ 天津大学林世名，杨学志，王瑞华，王玉生编. 建筑概论. 北京：中国建筑工业出版社，1981.

［2］ 王崇杰主编. 房屋建筑学. 北京：中国建筑工业出版社，1997.

［3］ 彭一刚. 建筑表现图集——画意中的建筑. JHW PRESS LIMIED，2010.

［4］ 黄为隽著. 建筑设计草图与手法. 天津：天津大学出版社，2006.

［5］ 中华人民共和国住房和城乡建设部主编. 建筑设计防火规范. 北京：中国计划出版社，2014.

［6］ 中华人民共和国住房和城乡建设部主编. 建筑抗震设计规范（附条文说明）（2016 年版）. 北京：中国建筑工业出版社，2016.

［7］ 中华人民共和国住房和城乡建设部主编. 建筑制图标准. 北京：中国计划出版社，2017.

［8］ 中华人民共和国住房城乡建设部. 无障碍设计规范. 北京：中国建筑工业出版社，2012.

［9］ 中华人民共和国. 城市居住区规划设计规范. 北京：中国建筑工业出版社，2002.

［10］ 中国机械工业联合会主编. 厂房建筑模数协调标准. 北京：中国计划出版社，2010.

［11］ 同济大学，西安冶金建筑学院，南京工学院，重庆建筑工程学院编. 城市规划原理. 北京：中国建筑工业出版社.

［12］ 同济大学建筑城规学院主编. 城市规划资料集第一分册总论. 北京：中国建筑工业出版社，2003.

［13］ 天津市建筑标准设计办公室主编. 05 系列建筑标准设计图集. 北京：中国建筑工业出版社，2005.

［14］ 饶戎编著. 绿色建筑. 北京：中国计划出版社，2008.

# 高等学校给排水科学与工程学科专业指导委员会规划推荐教材

| 征订号 | 书　名 | 作　者 | 定价（元） | 备　注 |
|---|---|---|---|---|
| 22933 | 高等学校给排水科学与工程本科指导性专业规范 | 高等学校给水排水工程学科专业指导委员会 | 15.00 | |
| 29573 | 有机化学（第四版）（送课件） | 蔡素德等 | 42.00 | 土建学科"十三五"规划教材 |
| 27559 | 城市垃圾处理（送课件） | 何品晶等 | 42.00 | 土建学科"十三五"规划教材 |
| 31821 | 水工程法规（第二版）（送课件） | 张智等 | 46.00 | 土建学科"十三五"规划教材 |
| 31223 | 给排水科学与工程概论（第三版）（送课件） | 李圭白等 | 26.00 | 土建学科"十三五"规划教材 |
| 32242 | 水处理生物学（第六版）（送课件） | 顾夏声、胡洪营等 | 49.00 | 土建学科"十三五"规划教材 |
| 35065 | 水资源利用与保护（第四版）（送课件） | 李广贺等 | 58.00 | 土建学科"十三五"规划教材 |
| 35780 | 水力学（第三版）（送课件） | 吴玮　张维佳 | 38.00 | 土建学科"十三五"规划教材 |
| 36037 | 水文学（第六版）（送课件） | 黄廷林 | 40.00 | 土建学科"十三五"规划教材 |
| 36442 | 给水排水管网系统（第四版）（送课件） | 刘遂庆 | 45.00 | 土建学科"十三五"规划教材 |
| 36535 | 水质工程学（第三版）（上册）（送课件） | 李圭白、张杰 | 58.00 | 土建学科"十三五"规划教材 |
| 36536 | 水质工程学（第三版）（下册）（送课件） | 李圭白、张杰 | 52.00 | 土建学科"十三五"规划教材 |
| 37017 | 城镇防洪与雨水利用（第三版）（送课件） | 张智等 | 60.00 | 土建学科"十三五"规划教材 |
| 37018 | 供水水文地质（第五版） | 李广贺等 | 49.00 | 土建学科"十三五"规划教材 |
| 37679 | 土建工程基础（第四版）（送课件素材） | 唐兴荣等 | 69.00 | 土建学科"十三五"规划教材 |
| 37789 | 泵与泵站（第七版）（送课件） | 许仕荣等 | 49.00 | 土建学科"十三五"规划教材 |
| 37788 | 水处理实验设计与技术（第五版） | 吴俊奇等 | 58.00 | 土建学科"十三五"规划教材 |
| 37766 | 建筑给水排水工程（第八版）（送课件） | 王增长、岳秀萍 | 72.00 | 土建学科"十三五"规划教材 |
| 38567 | 水工艺设备基础（第四版）（送课件） | 黄廷林等 | 58.00 | 土建学科"十三五"规划教材 |
| 32208 | 水工程施工（第二版）（送课件） | 张勤等 | 59.00 | 土建学科"十二五"规划教材 |
| 24074 | 水分析化学（第四版）（送课件） | 黄君礼 | 59.00 | 土建学科"十二五"规划教材 |
| 33014 | 水工程经济（第二版）（送课件） | 张勤等 | 56.00 | 土建学科"十二五"规划教材 |

| 征订号 | 书　名 | 作　者 | 定价（元） | 备　注 |
|---|---|---|---|---|
| 29784 | 给排水工程仪表与控制（第三版）（含光盘） | 崔福义等 | 47.00 | 国家级"十二五"规划教材 |
| 16933 | 水健康循环导论（送课件） | 李冬、张杰 | 20.00 | |
| 37420 | 城市河湖水生态与水环境（送课件素材） | 王超、陈卫 | 40.00 | 国家级"十一五"规划教材 |
| 37419 | 城市水系统运营与管理（第二版）（送课件） | 陈卫、张金松 | 65.00 | 土建学科"十五"规划教材 |
| 33609 | 给水排水工程建设监理（第二版）（送课件） | 王季震等 | 38.00 | 土建学科"十五"规划教材 |
| 20098 | 水工艺与工程的计算与模拟 | 李志华等 | 28.00 | |
| 32934 | 建筑概论（第四版）（送课件） | 杨永祥等 | 20.00 | |
| 29663 | 物理化学（第三版）（送课件） | 孙少瑞、何洪 | 25.00 | |
| 24964 | 给排水安装工程概预算（送课件） | 张国珍等 | 37.00 | |
| 24128 | 给排水科学与工程专业本科生优秀毕业设计（论文）汇编（含光盘） | 本书编委会 | 54.00 | |
| 31241 | 给排水科学与工程专业优秀教改论文汇编 | 本书编委会 | 18.00 | |

以上为已出版的指导委员会规划推荐教材。欲了解更多信息，请登录中国建筑工业出版社网站：www. cabp. com. cn 查询。在使用本套教材的过程中，若有任何意见或建议，可发 Email 至：wangmeilingbj@126.com。